花园集

花园集俱乐部◎主编

庭院景观设计 4

江苏凤凰科学技术出版社
南　京

目录

别墅花园

屋顶露台花园

办公会所花园

样板房花园

民宿花园

别墅花园

遇见

项目面积：1000 m^2
项目造价：200 万元
项目地点：上海
设计师：石月伟
设计施工单位：上海悉沐景观工程有限公司

花园主体建筑是英伦风格，花园主人认为花园生活应该满足每个人的需求。男主人的禅艺茶道、女主人的朋友欢聚、孩子们的运动游戏、老人们的蔬菜种植，每一种体验都不能少。

在充分了解场地现状和花园主人的客观需求后，设计师决定将花园打造成一个让生活在其中的人真正享受生活的地方。

大门入口及院墙与木本色的栏杆色系、质地相同，既与建筑相辉映，又和现代自然的手法相融合。

进入大门，首先映入眼帘的就是北院花园。开阔的北院花园为了节约造价保留了原有花岗岩地面。调整后多出的空间可以作为孩子们的小型篮球运动场。

金属仿木色的户外停车库也是北院的一个亮点，灰色的金属钢板上的树叶形雕花，打破了庞大构筑物的沉闷与呆板。

总平面图

穿过车库，豁然开朗，“苔痕上阶绿，草色入帘青”，仿佛步入一处世外桃源。试想主人居于亭中，春看渠荷，秋看落叶，在这样一片远离建筑的空间，品茶、观鱼、冥想都是再妙不过了。

回眸远眺，建筑下沉区是连接花园与建筑的重要空间，利用简约的线条、不同层次的空间分割，打破英伦风格的传统，让花园更显活泼俏皮、浪漫温馨。

这次设计的重点是女主人最喜欢的户外餐厅和客厅区，超长规格的料理台既可以制作火锅加中式炒菜，也可以作为品评咖啡、红酒的小酒吧。

这既满足了男主人约三五好友聊天侃地的需求，也满足了女主人偶尔来一次浪漫下午茶的需求。不经意的回眸，还能照看高尔夫练习区内欢乐的孩子们。

在这里，可以尽享令人惬意的田园时光，虽然紧靠邻居家宽大厚重的花岗岩院墙，依然挡不住金属钢板的霓虹点点和风车茉莉的阵阵花香。

当英伦风遇见现代自然风，碰撞出的是另类蹩脚，还是和谐舒适？是最大可能满足功能所需，还是追求形式主义的拘束做作？这需要我们不断尝试和思考。

花园不分好坏，只要你伫立园中，就能找到给你感动的每一个角落，以及岁月带给你的每一次遇见。

别墅花园

严谨且变化丰富的英式花园

项目地点：上海
设计师：贺庆 Sarah
设计施工单位：上海沙纳景观设计

上海西南城区别墅花园中星红庐，紧邻国际网球中心，环境优雅，远离喧嚣。

红砖黑瓦型建筑属于英式传统庄园风格，为了让建筑与周围环境协调，设计师将花园风格定义为英式庄园风格，并搭配现代设计要素，以满足业主的生活需求。

花园整体环绕建筑一周，分为西北侧入户区域与南、东、西区域。

主体空间在南侧，而其他方位的空间较为狭长。设计师为保证整体效果，做了不小调整。通过巧妙利用各自独立的过渡区域，把几种不同的英式风格融合起来，使花园景观既统一又变化丰富，堪称一座英式小庄园。

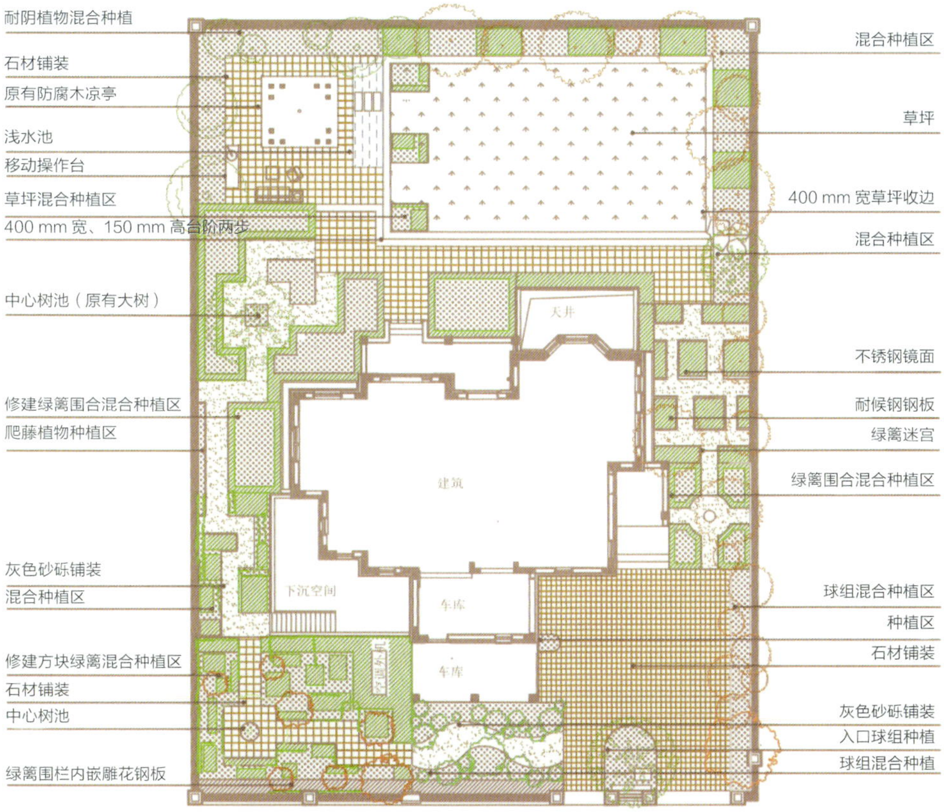
耐阴植物混合种植
石材铺装
原有防腐木凉亭
浅水池
移动操作台
草坪混合种植区
400 mm 宽、150 mm 高台阶两步
中心树池（原有大树）
修建绿篱围合混合种植区
爬藤植物种植区
灰色砂砾铺装
混合种植区
修建方块绿篱混合种植区
石材铺装
中心树池
绿篱围栏内嵌雕花钢板
混合种植区
草坪
400 mm 宽草坪收边
混合种植区
不锈钢镜面
耐候钢钢板
绿篱迷宫
绿篱围合混合种植区
球组混合种植区
种植区
石材铺装
灰色砂砾铺装
入口球组种植
球组混合种植
天井
建筑
下沉空间
车库
车库

总平面图

在入户区域通往花园（北侧院与西侧院）的衔接位置，分别设置过渡区域，让花园内外空间的层次感更加鲜明。

北侧区域利用球组景观将视线引向西侧入口。曲形道路与植物完美地遮挡了外部视线，为花园营造了极高的私密度。而拱形门则突出入口空间，给花园增添了几分神秘色彩。

穿过绿篱拱门，便到了东侧花园。入口处，方块混种区以中心树池为轴心分布在两侧，渲染入园仪式感。四周的种植区域采用方正绿篱混搭下层宿根花卉的方式，形成时尚的现代植物景观。值得一提的是，方形绿篱中和了大自然的野性，使花园植物搭配显得精致而高贵。

由此向南，穿过高大的造型绿篱，就是方块芒草区了。从北至南分别设置方块芒草景观区、混合种植区。

接着，进入南侧主花园的中心地带——凉亭休闲区与阳光草坪区。

肆意摇曳的芒草散布在方块植物四周，若有若无的线条感与方块植物的硬朗、紧实感相互衬托，妙不可言。

在绿篱收边的混合种植区内，依照英式玫瑰园的形式，用适应上海气候的宿根花卉代替，中心保留原有的大树以丰富竖向空间景观。

凭借多样的混合种植，花园每一季都能邂逅不同的色彩与风景，高低错落，色彩协调。

另外，保留了业主最爱的绣球花，让这里成为业主最爱停留的花园区域。

南院东南方——凉亭休闲区，位于花园最佳观赏点，设计师仅将原有凉亭增加了一个颜色做调配，辅以扩大的浅色平台，一个时尚、舒适的现代简约式休闲区就出来了。

在与凉亭休闲区衔接的位置有一处水景。这个小面积水域让花园灵动起来。水上石材汀步也为路径带来变化，营造出水上漫步的体验。

南院大部分区域为阳光草坪区，周边设置观叶乔木，这些都是英式花园必备元素，升华了花园格调。

穿过南侧阳光草坪，到达花园西侧，这里又有一个英式花园的典型景观元素——绿篱迷宫，实现了视线的遮挡，也是小朋友们最爱的区域。穿过绿篱迷宫，便回到前园。紧邻建筑主入口的一块对称绣球园，完成了入口景观的华丽转身。

别墅花园

玲珑雅墅

项目面积：450 m²
项目造价：45 万元
项目地点：上海
主案设计师：石月伟
设计施工单位：上海悉沐景观工程有限公司

玲珑雅墅是一座二次改造花园，以“新中式 + 日式枯山水”的形式，打造舒适美观的人居景观。

玲珑雅墅的业主是一位年过五十的儒雅商人，对古董字画有着特殊的喜好和收藏习惯，因此，他对花园设计也有着独到的审美和见解。

初次会面时，设计师了解到东院是花园的最大空间，但由于大树的遮挡，草皮无法生长。于是，设计师确定花园的基调为：在新中式基础上结合日式枯山水。

就花园而言，主入口设计非常重要。白墙青瓦的间隔、仿木色铝合金围栏，不仅不会显得冗长呆板，还让新中式风格更有韵味。

东院是用砂粒和石条组成了枯山水，石条的纹路蜿蜒曲折，仿佛荡着层层涟漪的水面。

东南院里，一棵姿态优美的乌桕树

装点了整个东院空间。

走在铺满砂粒的玉石小路上，可以看到东北院的角落里，放着花园原有的堆石和业主的收藏品。

墙上挂着业主亲笔书写的“鋆逸”二字，也许是业主想告诉自己，安闲、随性地自在生活是多么难能可贵吧！

在北院，设计师精心设计了枕木小路和青砖铺贴，既可以防止青砖长满青苔时太滑，又增加了小路的岁月痕迹，营造出一种沧桑又饱含文化意味的景观氛围。

路旁的原石垒墙，在枫叶、暖阳的渲染之下，熠熠生辉。路的尽头，樱花飘香，清新怡人。

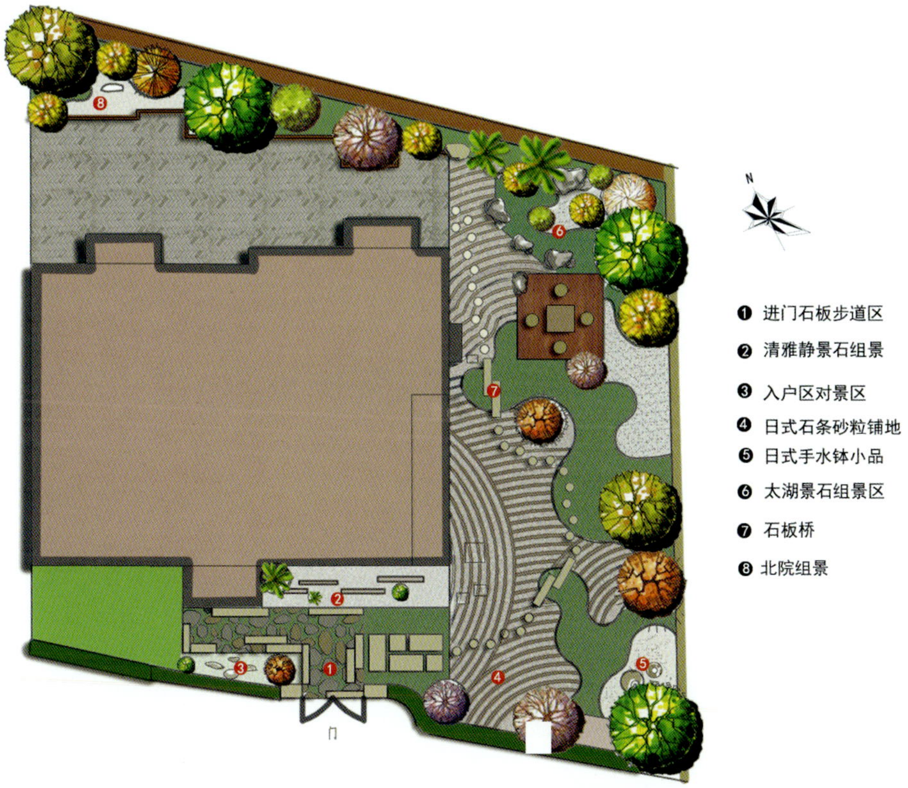

总平面图

别墅花园

光影宅院

项目面积：135 m^2
项目造价：20 万元
项目地点：上海
主案设计师：谭承光
设计施工单位：梧枝景观设计

庭院有了光影，仿佛生命有了色彩。光影向人们诉说着空间里发生的故事。

作为一个家庭的“户外房间”，庭院是建筑与室内空间的延伸，设计师必须通过设计，让它们实现平衡与和谐。

设计这座光影宅院之初，业主组建集了一个由景观设计、建筑设计和室内设计人员构成的核心团队，各专业间的合作贯穿整个项目。

与此同时，业主对“光影游戏”的认同和欣赏，为设计团队提供了很大的发挥空间，最后的作品也达到了设计预期。

设计前，通过观察和沟通，设计师充分思考了哪里是好的、哪里还有不足，以及哪些需要保留、哪些需要改变，包括并不限于土壤、地形、植物、日照和阴影、内置的功能、视野以及活动区域等。从客厅、餐厅望向庭院，形成两个重要的景观视窗。将景观和自然系统处理成一个连续的整体，且富有交错的空间趣味。水景能为庭院带来灵动感和韵味，提升整体氛围。大面积的卵石散铺，可

供业主全家夏日嬉水玩闹、冬天篝火围坐，实现高品质生活。

防锈防腐和经过倒圆处理的钢板水池，作为狭长空间的过渡，承接着跌水的动与静、虚与实、聚与散、行与止，是迎宾过道的亮点，也是庭院中最好的“艺术品”之一。一面火山岩植物墙，以水造景，再现自然。

最值得一提的亮点是，将二三楼露台收集的雨水，嵌入水循环系统和墙顶蓄水滴灌系统，再利用光影与时间的魔力，一处“绿毯满铺”景观就有了，着实令人期待。它恰巧正对餐厅，给微风、阳光以及庭院里的自然元素带来光影的问候。光影给空间以特性，也给庭院以生命，营造出不同寻常的形式美。这样的光影宅院，魅力不止一点点！

总平面图

别墅花园

师造·简境之礼

项目面积：420 m²
项目造价：约 190 万元
项目地点：济南
主设计师：朱高峰
设计单位：苏州师造设计
施工单位：济南森百造园
软装陈设：苏州师造简境园创学社
设计监理：苏州师造品控研发学社
图片摄影：古宏伟

我们常常在思考一个问题——什么才是中国人的花园？这个花园位于山东济南，我们认为它一定从骨子里带有山东性格，豪放而有礼。

“世之笃论，谓山水有可行者，有可望者，有可游者，有可居者……但可行、可望，不如可居、可游之为得”山水的语言，最可达到大音希声的境界。

花园门厅位于建筑的东北方位，主人晨行暮归，都要经过此地。我们尝试利用晨暮光影去表达仪式感和形态，水声和树影给人的第一感觉是严谨、温暖而有礼。

“坡上醉红花欲语，泉边沁绿茗初焙。”花园空间展现了山水自然的生命感和包容性。花园客厅和室内不同，我们不仅要尽可能地延展视觉空间，也要寻求冬暖夏凉。同时，人必须是空间的观察者和空间的被关注者，花鸟鱼虫都是生活的参与者。

竖向空间的营造，可以给空间创造活力。亭榭位于空间地势的高处，品茗之间，得悠远之境。不用添加太多的设计符号，我们尝试以时光、自然、工艺、文化滋养空间的生长，将朝暮、山水、秩序藏于空间内部。这样生长出来的花园，也一定和园主的生活是互生的。

总平面图

别墅花园

蓝调花园

项目面积：500 m²
项目地点：北京
设计师：张运花
设计施工单位：北京壹禾景观园艺有限公司

蓝调花园也叫七月花园，是设计师为小业主七月全家打造的花园。蓝调花园的设计灵感源于“回归自然”。花园由设计师反复思考、细致规划而成。设计师很好地实践了其“虽由人作，宛自天开”的理念，最终呈现出的花园效果，没有留下过多设计痕迹。

设计师始终站在园主角度，思考花园设计与功能规划，力求打造一座契合园主生活需求，又不失自然感的美丽花园。别墅建筑被花园所环绕，设计师将花园景观重点放在前院与后院，两边侧院则做简单的功能性处理。

前院是整个花园的门面，来来往往的路人可以透过低矮围墙上的栅栏，一窥园中的风光。

进入花园，首先映入眼帘的是富有设计感的园路。在铺满灰白色小石子的地面上，嵌着一根根略显老旧的黑色枕木，精致与粗犷相互杂糅，通过设计师的巧妙运用，显得分外和谐舒适。园路两旁，是错落有致、层次分明的植物群落，乔木与灌木彼此衬托，地被植物交相辉映，美不胜收。用红砖拼砌的圆形休闲平台，正好藏在了前院建筑的角落，而此处还有一面用自然石块砌筑的弧形挡墙。

园主可以在阳光柔和的清晨，来此

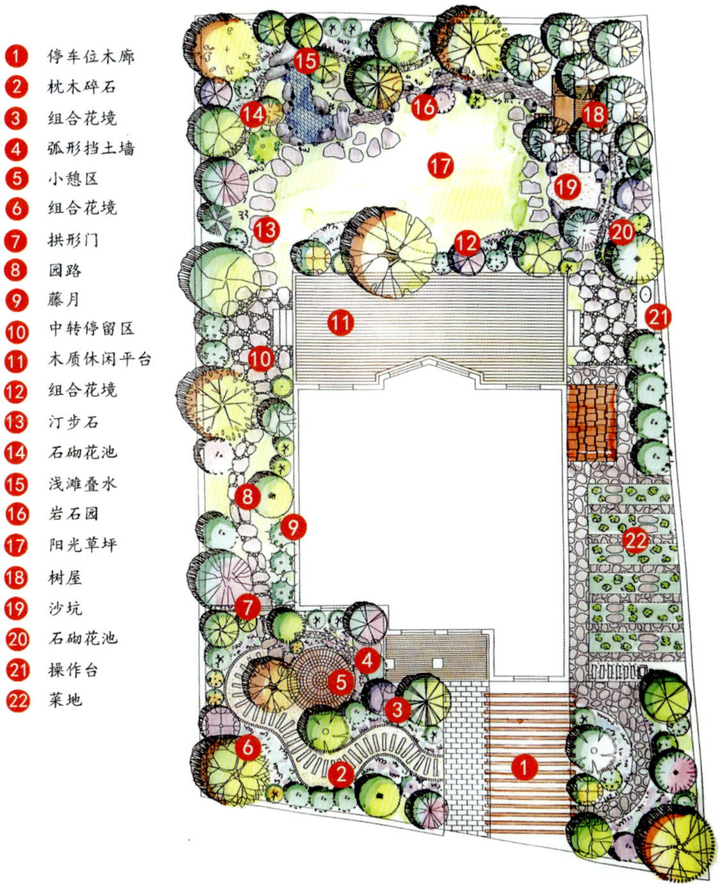

总平面图

处食用早点，然后与路过的邻居互相问好，或是在悠闲的午后，饮一杯下午茶，静静欣赏眼前悦目的风景。

花园里的砖砌拱门，用旧红砖砌筑，并把前院与侧院分隔开；而靛蓝色的木门，则成为花园中最艳丽的色彩。

穿过木门，便来到了侧院。一条悠长的园路通向深处的后院，由粗犷的天然石板和山间所拾的石子铺设，两旁栽种着大片贝拉安娜绣球和圆锥绣球，轻灵、自然。

后院一片平整的草坪让人豁然开朗。用自然山石堆砌的叠水与抬高的花池流淌。在叠水穿过的山水间，三三两两地栽种着喜湿花草。潮湿的石头表面上长满青苔。正是这里的水，唤醒了山石的生命，水流汩汩流动，发出山间妙音。花池亦用自然山石堆砌，植物群生，乔灌参差，花草掩映，皆与水池相协调。

园子一角，有一间童话小屋，屋边白桦环绕，是设计师为七月打造的童话梦。通过滑梯可以从小屋直接滑向沙坑。

更富有意趣的设计是，沙坑中蜿蜒出一条旱溪。旱溪石缝之中，偶尔冒出一些灌木和花草，野趣横生。而这尽头，是一汪叠水池。

花园不仅是诗和远方的寄托，也承载着生活的烟火气。西侧花园功能以烧烤休闲和蔬菜种植为主，足不出户，主人便可以采食绿色健康的蔬菜，享受避世的娱乐时光。花园，是平凡生活里的休憩地。

这座小小的城市花园，仿佛一个安全隐秘的极乐世界。因为有了花园，平凡的生活才有了花香。愿每个人都能拥有自己的花园，让属于家庭的温馨永不散场。

别墅花园

绿城 · 玫瑰园

项目面积：6500 m^2
项目地点：上海
主案设计师：杨锐
设计施工单位：上海欧思景观设计工程有限公司

设计之初，本项目设计重点是为迎接海内外宾客而营造出接待的气氛和舒适的环境，让宾客在游憩过程中能充分享受空间和景色的变化。开阔的庭院环境和通透的景观视线，使得区域划分明确而自然，通过移步换景，产生妙趣，让每一个空间独立而不孤立，且具备各自的功能。宽阔的草坪之上，精心修剪的名贵树木，结合低矮灌木，既突出了空间层次又具有趣味性。不同于传统园林，该项目体现的是一种自然的状态，同时又不乏人文意趣的当代生活共享环境。在这里，可以尽情享受自在的庭园时光。庭园里有户外泳池、烧烤区、种植区、精致的雕塑和小品以及竖向高差所产生的趣味空间等，让业主切实享受到生活的艺术感。

生活区域独立而不分离，其空间功能可自由变换，可以来一场花园酒会，抑或是开一个烧烤派对，在时光的交错中酝酿出别致的生活。在建筑和环境、建筑和人的相处模式中，兼具和谐之美，区间的规划更显细腻与人性化，最大程度体现了别墅生活的真正意义。

别墅花园

国风长安 · 云棠

项目面积：499 m^2
项目造价：70 万元
项目地点：北京
主案设计师：屈鸿麟
设计单位：上海道田景观工程咨询有限公司
施工单位：北京圣隆园林工程有限公司

建筑、园林、情感、生活，在这一方庭院中重叠交融，艺术、文化、历史在这里沉淀，因而才有了主人对庭院深深的依赖和眷恋。该项目位于北京石景山区的一个中式风格叠墅居住区，设计师以北京院落文化为蓝本，将两户六口之家作为上下叠户进行模拟定位，在喧闹的城市中打造出一片可以治愈身心的私家花园，让居者坐看庭前花开花落，笑望天边云卷云舒。

庭院由 6 个功能板块组成。静思品茗空间是为男主人量身打造的，冥想放空空间是女主人做瑜伽放松的首选，闲玩休憩空间供孩子创造自己的童真天地，有机菜园可以让家中长者重温收获的喜悦，治愈花园与静心步道则是全家人分享、交流的空间。

本庭院融合了日式庭院的禅意之美与现代东方风格，四季皆景，春暖花开，夏听夜雨，秋风习习，冬赏雪景。

项目的设计思路围绕以下内容展开：营造 5 个情景主题空间、满足 6 项生活需求、呈现未来生活样板，合则一家，分则两院。在设计时，设计师将静心步道、治愈花园、冥想放空、有机菜园、静思品茗、游玩休闲 6 项功能作为庭院的 6 项基本生活需求融入方案中，且对 5 个情景主题空间进行了诗意的解读。

总平面图

别墅花园

伊斐墅

项目面积：295 m^2
项目造价：50 万元
项目地点：上海
设计师：Mark zhu
设计施工单位：上海东町景观设计工程有限公司

本案的建筑风格为典雅端庄的欧式新古典风格，设计团队从建筑自身提炼设计语言，同时简化装饰，让庭院空间的表达更简洁、温馨，使得简洁中的美丽穿透四季的变化，在庭院四季生活中演绎出不同的生活场景。整体的庭院设计多关注客户家庭成员的个性化生活，通过设计来呈现不同空间场景，这是本设计的一大亮点。因此，业主独特的需求是营造空间的中心舞台，但突出的元素不停留于直白的表达方式，每个人可以有自己的感悟与见解……家庭成员可以根据自己的习惯来融入这个空间，同时又不影响其他空间。因为在花园中无固定的形式空间，设计师只能通过植物、空间景观元素来划分区域。

在整个空间设计中，设计师依据家庭成员的生活习惯来布局空间。儿童比较好动，因此需要比较开阔的活动空间。

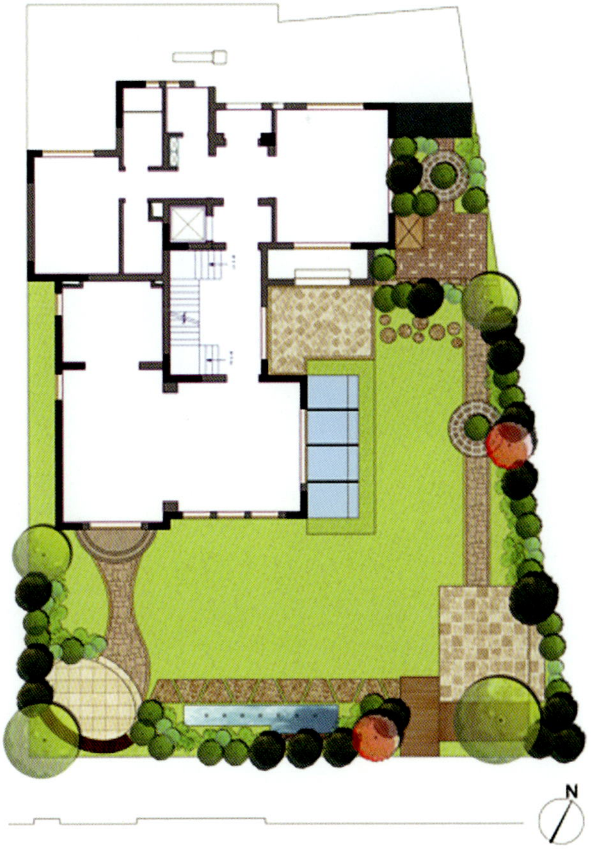

总平面图

在庭院中会客、交谈、工作、独享下午茶都需要足够安静和私密的小空间，所以设计师在庭院的西南角做了一个下沉空间。做下沉空间的好处是可以让这个小空间融入整个大空间。

派对空间与儿童空间及安静空间不同，因为开派对的机会比较少，且需要的空间比较大，所以设计这个空间时首先要满足其功能需要，其次，在视线关系及景观元素结合上要让此空间成为景观空间。

别墅花园

玫瑰园

项目地点：上海
设计师：贺庆 SARAH
设计施工单位：上海沙纳景观设计

本案独栋花园设计可以“自成一派”，既体现了独栋豪宅的庄重大气，又兼顾了业主的私人空间与舒适性。

本花园设计以“庄重气派”为目标，将热带阔叶景观、东方禅意微景、欧式规整对景以及生态景观融为一体，风格多变，格调不同，彼此呼应。

泳池边的景观以充满异域风情的热带阔叶植物景观为主，融入淋浴、户外水疗、躺椅休闲区、泳池等功能，增强了此区域的实用性。立面挑选独具摩洛哥风情的花砖装饰，更是将这一异域风情展现得淋漓尽致。花园面积较大，在保留原草坪的基础上，在侧院又设计了一片长方形草坪，仿若自然的地毯一般。一边是自然草坪，一边是规则的长方形草坪，相互对比又互相呼应，成为花园干净的绿色背景。

设计师利用“自然”与“规整”的融合、“异域”与“庄严”的混搭，通过精心的设计和合理的布局，将花园置身于花海，利落、干练，力求每一块空间都有景可赏、有美可寻。

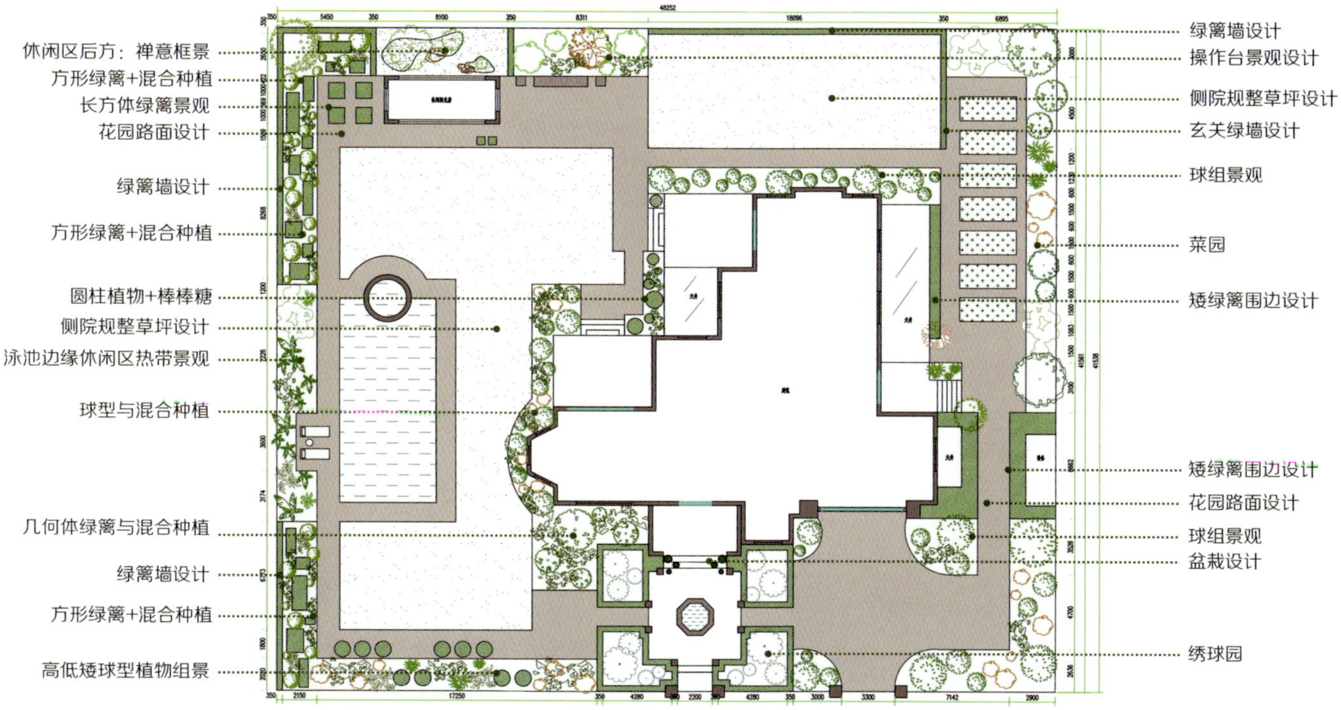
休闲区后方：禅意框景
方形绿篱+混合种植
长方体绿篱景观
花园路面设计
绿篱墙设计
方形绿篱+混合种植
圆柱植物+棒棒糖
侧院规整草坪设计
泳池边缘休闲区热带景观
球型与混合种植
几何体绿篱与混合种植
绿篱墙设计
方形绿篱+混合种植
高低矮球型植物组景
绿篱墙设计
操作台景观设计
侧院规整草坪设计
玄关绿墙设计
球组景观
菜园
矮绿篱围边设计
矮绿篱围边设计
花园路面设计
球组景观
盆栽设计
绣球园

总平面图

别墅花园

秘密花园

项目面积：500 m^2
项目造价：120 万元
项目地点：成都
主案设计师：汪小颖
设计施工单位：成都绿豪大自然园林绿化有限公司

初见业主是在一个炎热的午后，这位年轻时尚的妈妈已被自家花园困扰良久。她的花园杂草丛生，蚊虫肆虐，已经很久没有家庭成员踏足了。业主原本只想更换一下植物，但由于花园基础、水电都有很大问题，听取了设计师的专业建议后，于是痛下决心：大改。

经过深入沟通和严密的现场勘测，方案几乎一次落成。业主家庭成员较多，室内空间也不足，所以我们将中厨、餐厅搬到了主体建筑以外的花园中，并将原本闲置的半封闭空间改造成老人房、琴房与健身房。因此花园的主要路径变成了串联起这些室内生活空间的重要纽带。在景观上既要考虑家庭成员的生活动线又要考虑整体风格效果。

我们首先改造了门厅，为了加强通行性，将花架改成了与主体建筑一致的瓦屋面，既能遮雨又保证了构筑物之间的整体性。进入花园门的景墙用了混色卵石，拼贴成流线型星空图案，因为业主是一位凡 · 高迷。

2275
5160
1817
4070
1570
1940
30977
3690
1640
2795
2790
移栽紫藤
空调外机
原有桂花
原有银杏
原有休闲亭
水景
草坪
自然石汀步台阶
原有蓝花楹
自然石花池
新建玻璃门
平地花池
多肉组景
平地花池
铁艺花架
钢板花池（多肉组景）
多肉组景
改建楼梯
室外厨房
餐厅
防腐木栅栏+玻璃封面

总平面图

绕过餐厅靠近主建筑的花池中有一株苍老的紫藤，紫藤根系发达，极易破坏建筑和防水结构。再三考虑之后，我们决定将紫藤保留，在原来的位置掏开根部的土壤，用金属隔离开紫藤根和主体建筑墙体。为了保证充足的光线，我们去掉了紫藤旁边的花架和那株一直跟它争抢生存空间的血藤。在矮花池中配以干净整洁的仙人掌、龙舌兰，以保证餐厅落地玻璃的看面。

下花园是我们打造的重点。原有不合理的高差关系导致了一层室内地面低于花园，室内受潮严重。我们首先将高差关系根据主体建筑的情况进行了退台式处理，从而形成了一个约 40 cm 的高差。为了不让中规中矩的梯步与花池破坏花园的自然风格，用天然景石点缀在缓坡中处理高差，同样用自然石作为台阶，石组之间错落点缀着各季开放的花草，一个切尔西花展上的石头花园就基本落成了。

上花园连接着门厅与侧面通道，靠近邻居挡墙的蓝花楹遮天蔽日，常年光线微弱，所以在大树下部选用了喜阴湿的植被造景，而错开树冠的角落沿用上花园的植物配搭方式过渡布设了一些多肉旱景。

卫生间与茶室的死角处孤植了一株红枫，这是留给这个空间的小惊喜。茶室外的大草坪是留给孩子们的天地，也是茶室的补充活动空间。

四楼的屋顶花园也是值得一提的重要场所。这片小天地是连接着女主人书房的独立空间，是真正只属于她的秘密花园。利用有限的高差，我们将整个露台当成一个大花盆，周边用原来移栽的安吉拉编成花墙做围栏，地面配以丰富多彩的观花观叶植物。中央的木平台以及园路都升高起来。为了不影响楼下

紫藤安家而恢复了木制花架，立面增加了龙沙宝石。除了种植各个季节的花草，还考虑了一些芳香类植物，如瑞香、结香。所以从冬天开始，这个小天地就接连不断地繁花盛开，让人充满期待。

这个花园由于牵涉范围较广，耗时很长，中途也有意想不到的状况出现。但最终看它从一个废弃荒芜的院子变成现在这般美好的模样，心里充满幸福感。这也是每一个造园人才能懂的快乐。

别墅花园

桃花源

项目面积：1800 m^2
项目造价：100 万元
主案设计师：李霞
设计施工单位：杭州云杉庭园设计工程有限公司

若问哪一个中国文人对人居环境影响最大，肯定非陶渊明莫属。背负着城市生活压力的现代人，每个人的心中也一定有一座自己渴望的桃花源。为了不负这大好湖光山色，设计师以诗入景，希望通过打造，为业主创作峰回路转的新桃花源，再现千古以来人们追求的理想居所……

黑色镜面水池、大面积的林下木平台、自然的毛石矮墙，最终实现室内与室外空间的连接以及室内外视线的交织。灰色与棕色的碰撞、石材与木头的结合，达到了各类材质相互融合的目的。灰色成为庭院的主色调，大规格进口的海洋蓝石灰岩细腻而不失自然古朴。设计师以现代简约的理念，打造个性的定制化私宅景观，以现代手法致敬桃花源。

东面大面积的草坪区域沐浴在阳光之下。为了停放业主的房车，在乔木中间设置了自然的砾石区域。草坪边园路的设计，以弧形的汀步形式跟随建筑轮廓，连接主要的功能区，满足通行需求。修剪整齐的常绿灌木球和多年生花卉交错种植，参差错落，形成一种色彩过渡。

总平面图

在院子东南面，以简洁而开阔的镜面水池拥抱天际。具有强烈线条感的镜面水池配以缓缓的流水，与木平台穿插，形成空间的流动变化，光影在其中流淌。林木下的活动空间与石坐凳，宛如林下的艺术品，以半悬挑造型，点缀原木配合灯光成为休息区惬意与随性的缩影。

南面卧室延伸出来的大平台，拥有足够宽敞的活动空间，虽栖身繁华都市，却创造了宁静雅致的休憩环境。南面与邻居的边界处，以层层流水的手法打造背景墙，增加立面的层次感，凹凸的文化石做背景自然又协调。

西面山脚处保留了原先的大树，在原有地势基础上做了微调。这个区域被各种层次的绿包裹着：青绿的竹林、碧绿的草坪、翠绿的屋前树木。高耸的绿竹掩映着毛石挡墙与挡墙上的波斯菊，形成粗犷与娇柔的对比。西面建筑立面对应着室内楼梯处三扇大的落地玻璃窗，窗外用黑色不锈钢做成花坛，内种黄金枫，与建筑相呼应，形成若隐若现的视觉效果，增强了整体的设计感。

别墅花园

上邦高尔夫花园

项目面积：1500 m^2
项目地点：重庆
设计师：叶科、刘海燕
设计施工单位：重庆和汇澜庭

良好的花园条件与自然资源是成就花园的关键要素。该花园坐落在高尔夫球场旁边，视野开阔，远山幽静，风光天成。花园基地有一定的地形高差，为造园的时候形成较有趣的层次关系以及展现空间趣味提供了先决条件，可将外部绝佳的风景资源借入园内，让花园坐拥地利之便。

在进行场地整理设计时，设计师刻意为花园留出高差，形成以建筑为基础向外逐步下沉的场地高差结构。然后在该框架下利用地势造园理水，让山水融入家中。园中巨石让自然的一只脚踏入花园，让主人在家中也能体验流水潺潺、荷塘蛙鸣、花果芬芳的意境，使其既能享远山之幽也能体会园中之趣，心情舒畅。

别墅花园

佘山高尔夫郡别墅

项目面积：2200 m^2
项目地点：上海
主案设计师：俞君臣
设计施工单位：上海品宸景观设计工程有限公司

设计最初，设计师抛开常规套路，不提形式、空间、动线……而是直接抛出一个当代栖居的普适性问题：如何消解别墅花园带来的陌生化、冷漠化？面对七零八碎的场所，我们挖掘出该项目的设计理念：共享（退台）与开合（合院）。

入口前场以通透的感受为主，穿过长长的帷幕甬道，让花园生活回归。高差破坏了入口的完整性，我们通过放坡、大门移位等方式满足行车和停车的功能所需；通过退台式的层叠关系，形成不同院落入口的家庭聚集空间，高悬挑的建筑入口，越发显得尊贵。

后院有一个巨大的光影泳池，迎面的静水面映着建筑、树与童话雕塑的倒影。空间的地势下沉，这种空间层次上的高差在别墅项目中是非常常见的，必

须通过上升下沉空间才能打造不同层级空间，也正是因为高差的关系，景观体验有了更多的丰富性。

下沉建筑灰空间前，地面铺装是颜色深沉的全进口环保塑木地板，使得建筑立面与视角差异所呈现的建筑都具有漂浮感。相应地建筑成了庭院后院景观的延伸。

阳光房建筑的轮廓充满了张力，就像生长中的石头，具有自然艺术的辐射力。设计师利用玻璃和光影打造了多维空间，使之成为屋主景观独处静思的专属空间。

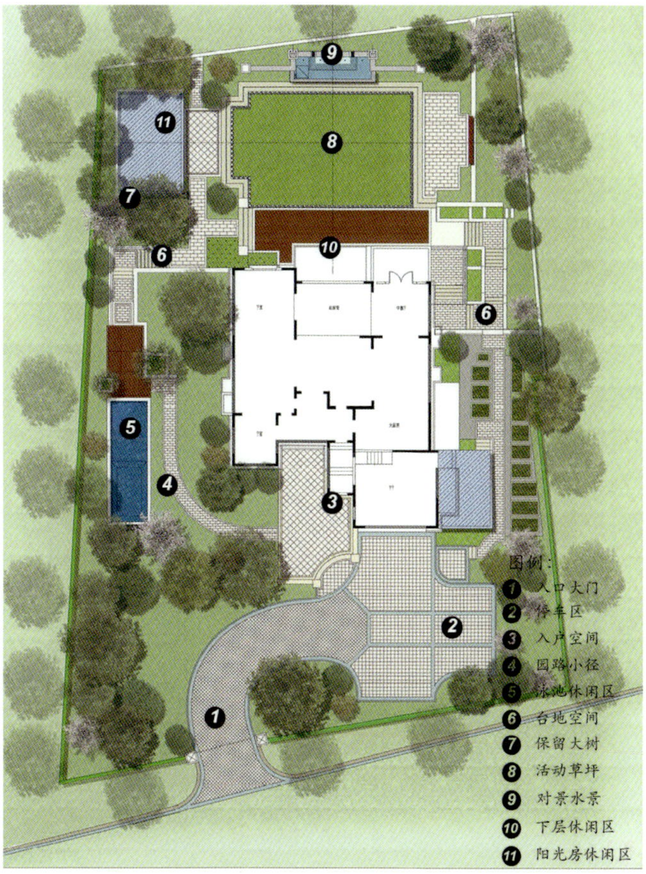

总平面图

别墅花园

绿城桃花源什锦园

项目面积：660 m^2
项目造价：90 万元
项目地点：济南
设计师：李秉瑞
设计施工单位：山东点石臻品景观设计有限公司

该庭院风格为新中式设计风格。这种风格立足于现代人的审美观，通过删繁就简的设计手法，对优秀的传统文化元素进行保留和创新，再与现代元素相结合，打造出具有深刻内涵的庭院景观。

庭院是一个非正式交流场所，是一个可以让人驻足的轻松自在的空间。一个好的庭院让人有度假的感觉。将这个庭院分为 5 个区域，每个区域都可以是一个相对独立的景观，可以通过不同的景观节点把它们串联成一个整体，为家居生活带来无穷的乐趣。

该庭院阳光充足，整体通透，水景观赏区锦鲤池的设计，加上划水、瀑布，给庭院增添了灵气，平静的庭院在流动水的作用下，动静结合，相得益彰。庭院的设计不仅要考虑美观性，还要考虑业主的需求和实用性。

锦鲤池上的茶亭，围绕着水，又有水环绕着它，二者相互融合。这个茶亭是整个庭院的最高点，可以在茶亭俯瞰整个庭院的美景，别有一番滋味。

入院的小径用温润的鹅卵石铺就。小径的一侧采用置石和植物的搭配，便

没有了厚重的氛围。在休闲区的小路上走一走，看看沿路的美景，便能将烦恼抛诸脑后。

在这个庭院中，每一扇小窗、落地窗，都有对景，业主在室内不同的角度都能感受到庭院设计带来的美好。不管是中式庭院还是新中式庭院，都离不开框景这一设计手法，利用门、窗、洞将视线所及之处的景框起来，增加庭院乃至整个建筑的层次和深度，从而引入光线，营造一场岁月静好的意境。

在硬质铺装的基础上，植物搭配的重要性由此体现出来。庭院的围合需要植物的搭配，边边角角也需要植物来弱化。植物的配置以乔木、灌木、草皮为主，高低错落，层次不一，让整个庭院三季有花、四季常绿。

别墅花园

常州溪栖庄园

项目面积：1178 m^2
项目造价：188 万元
项目地点：常州
主案设计师：徐昊
设计施工单位：悠境景观设计工程（常州）有限公司

本案是位于溪栖庄园的独栋别墅，舒适大气。设计师围绕业主的家庭需求展开设计，以实际使用功能划分庭院，旨在让庭院为业主全家人所用，既体现主人的性格、品位，也满足所有人的使用需求。同时，设计师加强了建筑与景观之间的层次和联系，将建筑、景观融为一体，让主人享受惬意时光的同时，感受自然的气息。

选取江南园林小桥流水、亭台楼阁、叠石清泉的造景手法，打造曲径通幽、移步换景的东方园林意境。临水廊架是男主人的主要活动区，也是全家人的聚会、聚餐地点及最佳的观赏点。业主每天的归家，都可以穿过水系与花境。

园中最为灵动的，莫过于那象征着吉祥与幸福的满池锦鲤，大和锦、黄金锦、三色锦等鱼儿在鱼池中自由自在地撒欢，

生命的欢腾在这一刻悠然绽放。同时，在锦鲤池庭院的打造中，融入日式庭院的禅意意境及欧洲自然派园林的造园手法，把生意盎然且充满自然意趣的花花草草和东方的禅境巧妙融合，既能让感官享受明艳色彩带来的强烈生活气息，又能在清泉流水、禅意幽境中洗去尘世的喧嚣，让心灵回归自然平和。

整个锦鲤池庭院分为二主一副三大功能空间——以锦鲤池为核心的游赏空间、南院开阔草坪构成的家庭活动中心，以及北院侧院构成的园艺花境空间。被质朴厚重的石板桥分成两潭清池的锦鲤池则成了整个庭院的“点睛之笔”。它的清澈、灵动，让人忍不住俯身掬起一捧水，感受炎炎夏日中池水的清凉。

1. 入口大门
2. 停车车棚
3. 硬质铺装
4. 孤植景观树
5. 锦鲤鱼池
6. 石桥
7. 景观廊架
8. 碎拼铺装
9. 阳光草坪
10.儿童爬架
11.户外茶厅
12.工具房

总平面图

考虑到现代家庭需要更多的户外活动空间，在宽阔的南院空间里铺设了大片的草坪，并设置了廊架，可安排六人餐桌椅。在大草坪上，还特别设置了一间小木屋，还有秋千廊架，儿童可在小木屋的榻榻米上嬉戏或看书，乏了还可以在小木屋里睡一觉。小木屋的西侧，则是专门为女主人设置的下午茶桌椅，与三两好友喝下午茶闲聊家常的时候，还可以照看孩子。

院子北侧还专门设置了一间女主人的工具小屋，存放打理花园的所有工具。在花园植物的选择上，设计师考虑到主人的养护能力和景观效果，使用了花树——樱花、海棠、紫薇，以及果树——杨梅、橘树、胡柚。点缀了精品罗汉松、羽毛枫提升档次，近人尺度则配置了花境植物，以丰富层次和色彩。

别墅花园

“滇池 one”红树林

项目面积：1000 m^2
项目造价：80 万元
项目地点：昆明
主案设计师：王永贤
设计施工单位：云南朴树花园

该项目是一个比较长的院子，分为前院、中段和后院。

前院空间较小，设计师将其设计为比较隐秘的私人空间，进门后，右边部分以汀步进行衔接。左边部分衔接中段空间。

因为中段要承载通行功能和观赏功能，所以较多地考虑了园路并结合原有种植池，进行了空间打造。

中段用景墙将空间隔断，使空间更有神秘感和仪式感。中段衔接别墅的入户侧门，故设置较大铺装以方便使用。大门前原有场地具有一定高差，低处较为隐蔽，所以设计师在此处为业主设置了生态种植区，既满足了业主的田园种植需求，也将杂乱的种植区域与通行观赏区域进行了较好的分隔。中段后部分利用原有墙体和部分构筑物，打造出了较有仪式感的通行衔接区域，丰富了立面效果，强化了院落独特性。

后院主要承载业主一家的主要休闲与停留功能，是本次花园打造的重点和

亮点。在别墅主入口区设置景观墙体，隔断视线，形成障景，并在景墙前方设置开阔的户外露天活动区域。从后院入口出来，转过景墙，正对一座相对封闭的新中式景观亭，饮茶、会友、高歌一曲，好不快哉。左侧入口用大块的石材铺装与汀步衔接，以苔藓、蕨类、松、石营造出枯山水意境；而右侧则是枯山水的“水源”——一汪清泉石中来。整个庭院，所有的步道和汀步都是精心设计的，从砖材的尺寸变化到自然石材的尺寸变化，再到冰裂纹铺地的自然变化，最后到自然式汀步的变化，无一不显示出设计师深厚的节奏掌控能力和材料运用功底。

植物部分选择色彩较为统一的植物，点缀部分有色花卉，处处透露出庭院的高级感。

在空间变化中，设计师凭借多年的设计经验，将空间中的开放与紧密、扩大与缩小，以及障景、借景、框景等手法使用得出神入化，使得整个空间张弛有度。

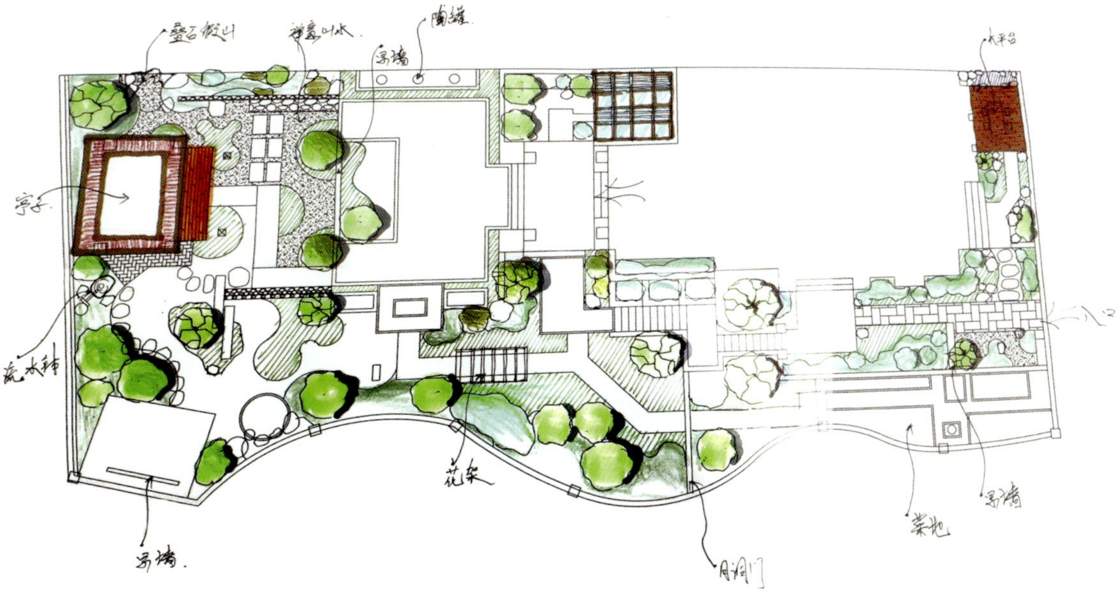

总平面图

别墅花园

恬静的时光花园

项目面积：650 m^2
项目造价：40 万元
设计师：石月伟
设计施工单位：上海悉沐景观工程有限公司

本案业主是一位虽然家境优渥，却仍然很努力的 90 后。这座别墅就是他的婚房。业主不排斥欧式的建筑风格，但还是对传统文化情有独钟，所以设计师将花园风格定为英式与现代中式风格的融合。除此以外，花园两面临水，且与四户人家隔岸相对，如何保障私密性和观赏性是设计的重点。

大门入口比较特别，弧形的铜艺大门解决了双开门占空间的问题，也让门口更加开阔整洁。进入大门，园中地面错落有致，层次分明。一池枯砂、两棵老松、三块景石构建出花园玄关的意境。

可以容纳两辆车的地上车库体量较大，侧面装饰线条既无违和感又增强了空间私密性。车库尽头的婆娑竹影也让业主回家的心情放松而惬意。

穿过竹林屏风，映入眼帘的是户外休息平台，周末三五好友可在园中临河远眺，也有碧草如茵的近观景色。亲水平台边的香橼树上串串红灯笼烘托出喜庆的气氛，也为中式的沉稳带来几丝温暖。

总平面图

每个有温度的大花园都应该拥有一块可以奔跑撒欢的大草坪，就像是欧式建筑少不了的罗马柱，它为花园带来的不光是美丽的背景和底色，还有每一个难忘的时刻和青春的记忆。

穿过草坪是西院的功能花园。90 后的生活除了潮牌和游戏，也可以有男耕女织的欢愉。吃着自己亲手栽种的有机蔬菜何尝不是一种幸福。

别墅花园

御泉湾二期

项目面积：180 m²
项目造价：58 万元
项目地点：黄山
主案设计师：王城锋
设计施工单位：杭州阿缇丝特景观工程有限公司

基于对现状的分析，设计师将 1.8 m 高的石墙作为庭院的分界，这样使得院子更有立体感，同时解决了噪声及私密性的问题。

本项目一楼为大落地玻璃窗，从远处望过去需要有视觉内容，需要有深度感，不适合做太热闹的场景。因此设计师结合现有水池以及需要解决的路径问题，设计了镜面浅水、水中汀步式的过道，并且通过水中树池激发整个水体的活力，同时利用跌水将原有水池和现有大水面结合为一个整体，产生关联和互动。

由于原有廊架位置不理想，无法带活整个场地，设计师保留了现有的廊架，同时在原院门区域做了更加立体和艺术化的户外客厅，内设吧台、水池等，利用装饰将户外客厅打造得更加饱满，有实有虚。“实”可加强私密性，“虚”可打开视野观赏庭院景色。

总平面图

入口位置的改变使得别墅院门更有识别性和展示效果。考虑到空间关系及天气原因，设计师将户外客厅做长，内部设计隔墙，留出过道和户外客厅区域。隔墙既是客厅的背景墙又是入口的对景墙，入口营造出一种玄关般的效果，同时将门做在侧面，路过的人知道这是入口，但看不到门，既显示出主人喜八方来客的气质，又不会有拒人于门外之意。外围绿化以绿篱为外层，主要弱化外界看向院墙的突兀感，显得更有层次。里层采用竹子，主要是为了遮挡和阻隔庭院从内往外看的视线，由于外界环境不佳，因此只有规避，让视线只在内部停留，独享闹中取静的“世外桃源”。

别墅花园

华序之礼

项目面积：925 m²
项目造价：200 万元
项目地点：诸暨
主案设计师：郭洋
设计施工单位：浙江亿匠园林设计有限公司

建筑出入口一侧，以山水盆景的手法造景，石块象征山峦，树木代表森林，草坡象征土地，幻化为流云般的形态，充分阐释了少即是多的人生哲学，业主可于此处感受“漫随天外云卷云舒”的恬淡。

花园西面的山水景观，运用石、木、水三者构筑出雅致景色，桥与亭的连接形成整个庭院的景观水系。以水为中心，湖面、曲桥、凉亭、假山、竹子等自由组合，一框一景，变化万千，尽享闲雅意趣。从亭子往外看，石块驳岸，自成一景，山水相映，营造出一种“水流过，扣之声脆”的意境。

花园保留了较为开阔的草坪，以此作为花园干净而完整的背景，天气晴朗时，便可在草地上席地而坐，聚餐休憩。草坪边缘则采用较为规则的种植形式，既不破坏草坪的规整性，又能够与大树高低搭配，形成较为饱满的花镜装饰与围挡。整个园区运用了开敞大气的景观奠定基调，同时也有景观节点的细节设计，庭院景观非常丰富。

1 别墅出入口
2 出入口铺装
3 停车位
4 艺术园路
5 明堂铺装
6 艺术水钵
7 艺术景墙
8 枯山水造景
9 艺术威鹿
10 水上木栈道
11 亲水平台
12 景观亭
13 艺术造型树
14 水系源头
15 湖心岛
16 锦鲤鱼池
17 台阶
18 下沉空间
19 室外餐桌
20 烧烤台

N

总平面图

精致极简的莲花汀步，配合烟雾缭绕的雾森与低调华美的水幕，带给人亲切、舒适的居家感。

景墙整体选用不同的石材，效果丰富。墙面缀以“回”字纹雕刻，尽显低调而古典的中式韵味。景墙与地面的铜条纹样相呼应，增强了景观设计的细节感。通过传统元素与新式材料的运用，使景墙既具有传统园林的沉稳韵味，又带有现代园林的简约与大气。

建筑边侧设计了低矮的绿篱围边，其植物线条勾勒出别样的花园布局。植物弱化了建筑的边缘，使之与花园景观融为一体。园内栽种了很多花卉，待到花季，一入园便能感受到花开满园的热闹氛围。

别墅花园

九间堂

项目面积：500 m^2
项目造价：69 万元
设计师：蔡志兵
设计单位：南京京品园林景观设计有限公司
施工单位：南京京品庭院

这是一座独栋别墅，建筑与花园的外形都比较方正。花园主面积在建筑南侧。这个住宅区是国内知名高端品牌，整体建筑风格是新中式，用金属屋脊代替传统灰瓦材质，整个建筑非常现代大气。业主选择南京京品庭院来设计这个花园，设计师首先想到的是让这个花园具有大气感，与建筑融为一体，因为这个类型的别墅外环境氛围非常好——高高的浅色围墙、灰色的建筑，花园肯定不适合做成欧式风格。

建筑的客厅和餐厅都朝南，对着大面积花园，这样的建筑布局也非常棒。设计师把花园的主景围绕客厅与餐厅展开，餐厅外是一座木质地板休闲廊，设计师紧贴地板边做了方形水池，采用玻璃扶手，不挡视线。东南角则堆高地形，做了假山流水水系。靠客厅西侧围墙设计了一组长廊，是花园主休闲区。为什么将主休闲区放到西侧？一是为了更好地观赏花园景观；二是西侧有高围墙，可以避免西晒。主休闲区通过直线条小

水系与东侧大水池连接，正对着客厅则设计了 3 个石材流水花钵，增强了客厅外面的景观观赏性。另外，在休闲廊架南边设计了一个沙坑，并利用高墙面做了木板攀爬墙，让业主家里的两个孩童可以很好地在此玩乐。

整个南花园以水元素为核心，水系在花园中间东西贯穿，同时也作为花园的分区界限，丰富了花园空间。在客厅与餐厅之间的建筑拐角处，还设计了一组跌水池，池中有一棵造型松，与整个建筑互相衬托，从室内不同的角度看也达到了移步换景的效果。

建筑北侧入户侧面的花园非常狭窄，设计师设计了黑白卵石铺设，卵石之间用瓦片做成弧形分界线，白色卵石上圆形石板做汀步，黑色卵石中密植竹林，让原本狭窄的小巷子充满禅意，并且后期基本不用打理，入户景观始终四季如一！在建筑东北角花园设计了一个菜园区。因为这里与建筑的厨房靠得最近，从厨房出来就是菜园，非常方便。这块菜园也是家里老人最喜欢的地方。

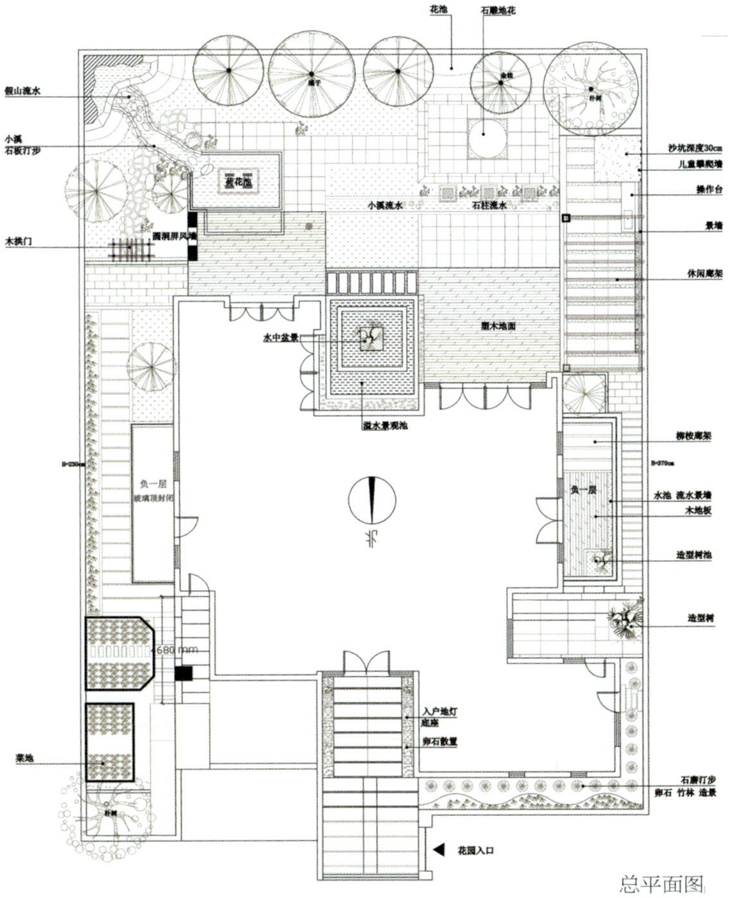

总平面图

花园集
花园集俱乐部◎主编
庭院景观设计 4
电子版
本次《花园集 庭院景观设计 4》共收到庭院稿件 97 套，质量之高、设计之精让编者叹服不已。因为版面有限，纸质书籍只呈现了 49 套，为了把所有案例都呈现给读者，编者特意制作了电子版本，把剩余案例悉数收录。
电子版本，
扫描二维码可见。

别墅花园

昆明私家别墅景观

项目面积：625 m^2
项目造价：160 万元
项目地点：昆明
主案设计师：李玲
设计施工单位：云南驿林心设园林景观设计有限公司

本项目打造了“一个院子、两个花园”。前院延伸至室内茶室，形成一个观鱼空间，后院以休闲、接待、观赏为主要功能，融入藏八宝耐候钢板雕花，形成一个可观、可赏、有趣的庭院空间。设计师深入解读城市与生活，将西方景观设计概念与东方园林的传统人文理想相结合，呈现出一处东方人文艺术院落空间。

项目景观以现代风格为主，结合新中式、日式风格。主景观采用院落空间结构，中轴景观采用曲线设计，风格各异，景观精致细腻，艺术性强。泰山石加工形态完美，流露出天然纹理，浑穆古朴、凝重深沉。青石则呈现大自然精雕细琢的玲珑之态。每一株植物从不同观赏点观看都有不同的形态景致，与园区景致相映成趣。

庭院空间小而精致，院内苗木选型合理，营造出怡人空间。圆形水钵以不锈钢仿形而制。石材的加工同时推进。期间，设计师严格控制加工效果，进行了多次试拼，从而保证了安装的平整和缝隙的均匀。对于整石出水雕塑的打造，从整石毛料的选择，到等高线图案的雕刻，再到安装出水方案，同样经历了无数次的讨论，才达到预期效果，最终一派宁静、惬意的东方园景呈现出来。

总平面图

别墅花园

欣昱别墅

项目面积：6000 m²
项目地点：上虞
主案设计师：杨锐
设计施工单位：上海欧思景观设计工程有限公司

在此次项目中，设计师通过深层挖掘该城市背景乃至当地人居习惯，将历史人文充分融入景观设计中。既有文化气韵，又有西方自由洒脱的舒适氛围。设计师结合西方园林的灵动与浪漫并充分尊重当地生活习惯和审美，营造人与自然和谐共生的绿色生活环境。中西方文化的碰撞打破了人们对园林景观的固有印象，给人带来了全新的体验。

大门入口处的中轴对称设计彰显出皇家园林风范，散发出高贵大气的时尚魅力。细节处水景的营造生动自然，喷泉激起的层层浪花，让庭园显得意趣无穷、生机盎然。

穿过月门，可看到花草树木、鱼池假山，曲径通幽。茶余饭后，主人在平台上喂鱼、赏鱼，想必也是人生乐事。院中有树，树下有池，池中有鱼，天上有月，共谱出一曲花好月圆万事兴的乐章。

开合有度的距离是对风景的尊重。

景与景之间的空间过渡，创造出组团式空间景观，搭配精致浪漫的欧式休闲场地，给人更多遐想空间。碧草青青的法式大草坪给人以清爽之感，搭配精致细腻的景观小品，与景亭互相衬托。开阔的草地、优美的孤植树、自然散落的树丛、起伏的地形、蜿蜒的小径、如镜的水面，构成独特的自然风景。偶尔驻足的飞鸟、停留的蝴蝶都为园林带来勃勃生机。

一方泳池能够极大提升庭院的功能性和舒适性。泳池设计上采用了规则的几何线条以及曲线，无边界的设计让泳池和自然融为一体。周围宽阔的草坪以及多彩的花境与之呼应，使泳池融入整个环境之中，安静、舒适。

总平面图

别墅花园

爵士名邸

项目面积：230 m^2
项目造价：48 万元
项目地点：长沙
主案设计师：刘贇
植物配置师：刘贇、陈翠林
设计单位：湖南摩恩花园景观设计有限公司
施工单位：长沙美兆园林工程有限公司

这处私家花园四面均无景可借，且尘土和噪声比较多，遂将之打造成私密性强的围合空间。花园设置与外围的边界区隔后，内花园环绕建筑大致可分为三个部分：北面入户花园、东面行进花园及南面休闲花园。

花园前段适合深呼吸放慢脚步，把疲惫和嘈杂抛之脑后，路旁的植物各有姿态，常绿植物与落叶植物间植，乔、灌、草编排有序，皆长得舒展自在。春日紫玉兰、东阳鹃开着满头满脑的花，夏天栀子、绣球、玉簪花色清凉，点缀地面的阳光婆婆纳和金边阔叶麦冬的蓝紫色花从夏到秋接连开着，间或有百合、鸢尾花出挑。

跨过灰蓝色拱门进入南面休闲花园，紫荆和竹子形成绿色屏障消除了马路的影响。一转头，典雅的廊架和质感细腻的木平台散发的休闲气息扑面而来。木平台也是客厅出户平台，抬高成无障碍通道，方便小朋友进出。你可能被廊架上有如星光的灯吸引而抬起了头，而优美的无患子冲入空中的树冠又把你的目光带到更远的地方，在这私密的空间畅享无限自由。

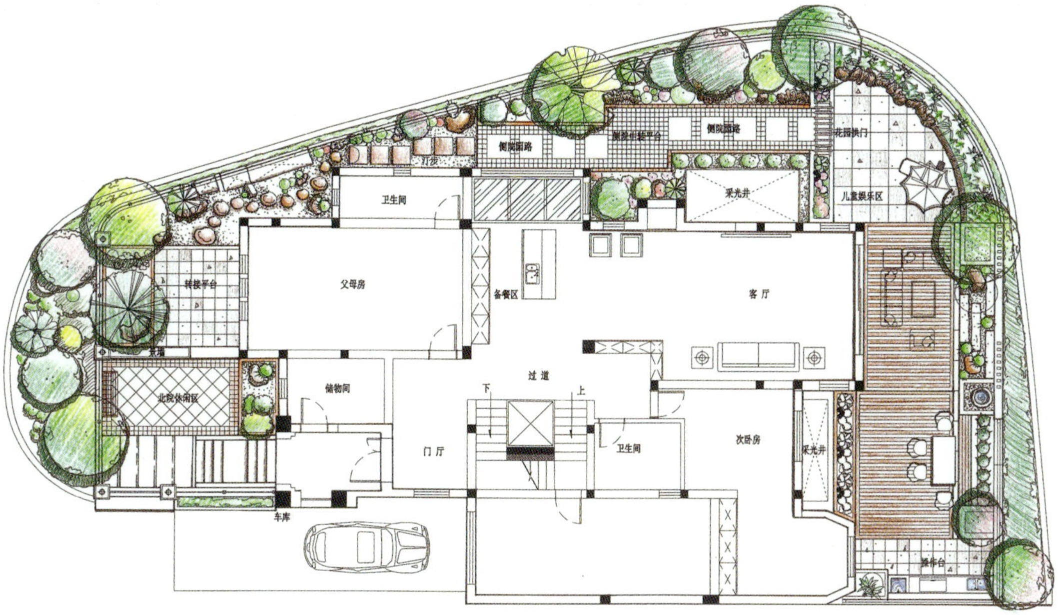
侧院园路
侧院园路
花园拱门
汀步
卫生间
采光井
儿童娱乐区
转接平台
父母房
备餐区
客厅
景墙
北院休闲区
储物间
过道
下
上
门厅
卫生间
次卧房
采光井
车库
操作台

总平面图

别墅花园

如是 · 观

项目面积：50 m²
主案设计师：汪有志
设计施工单位：杭州壹弧景观设计工程有限公司

如是 · 观——骨子里透出江南小院情结。

中国的民居，不一定有花园，但一定有天井和院子。院子不仅是你我生活长大的地方，也是书写岁月变迁的地方。

此次设计利用具有江南特色的砖瓦、家具、摆件进行重新整合陈设，搭配鲁冰花、玉簪、矾根等听起来熟悉、看起来新颖的杂交新品种，赋予废旧材料第二次生命，体现生态环保的设计思想。在空间布局上通过巧妙合理的搭配，把生活中熟悉的生活场景展现出来，不仅从时空上给人以心底的共鸣，更能凸显中式院落的亲和特质。

小院名为“如是 · 观”，取自《金刚经》：“一切有为法，如梦幻泡影。如露亦如电，应作如是观。”“如是”，意为如此、是这样，旨在希望每个来小院做客的朋友都能体会到“如是我闻，如是我见，如是我愿”的质朴情怀。

HOME

别墅花园

闲庭云镜

项目面积：1100 m^2
项目造价：400 万元
项目地点：诸暨
主案设计师：郭洋
设计施工单位：浙江亿匠园林设计有限公司

清人郑板桥曾云："吾毕生之愿，欲筑一土墙院子，门内多栽竹树花草，清晨日尚未出，望东海一片红霞，薄暮斜阳满树，立院中高处，俱见烟水平桥。"本案业主亦有着高超的艺术鉴赏能力和高雅的情趣爱好，不仅注重花园的精细品质，更喜欢院子所带来的轻松惬意的生活。通过现场勘探发现，花园前后有 3 m 多的高差，上下花园不便；花园左右两侧紧接邻居花园，私密性较差；后花园临湖，有着独有的地理优势。设计师决定在别墅庭院设计中结合建筑自身风格，打造精致庭院景观与休闲空间为一体的生活场所。

庭院入户区采用弧形的庭院大门，展现别墅包容的气质，门前种植高大的罗汉松增强庭院入口的气场。前院多个停车位可满足停车需求的同时，以精美的植物景观小品营造简洁精致的入户接纳功能。

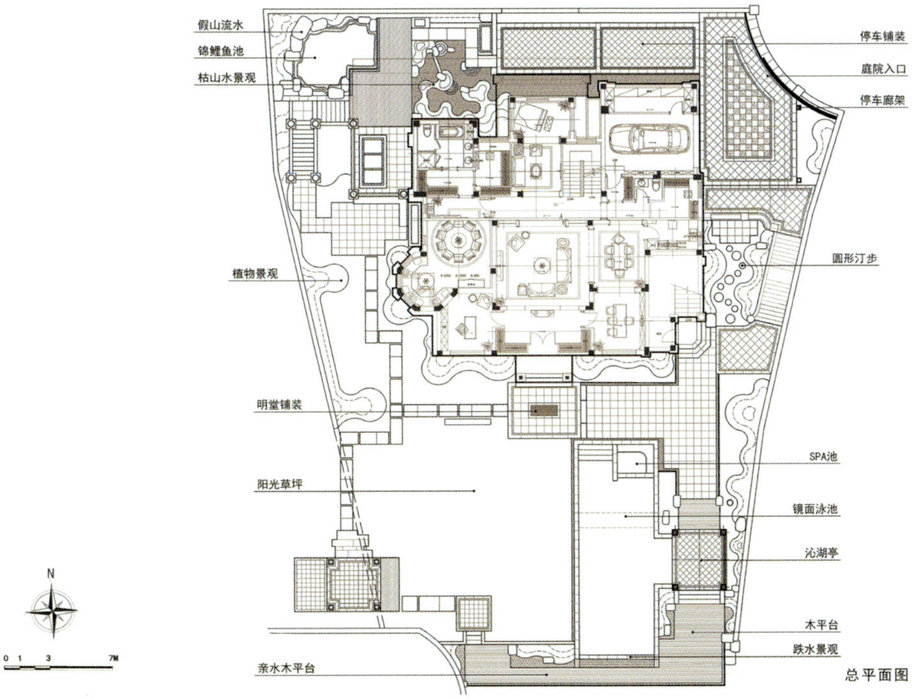

总平面图

假山鱼池区由自然枯山水景观与假山锦鲤鱼池组成。天气晴朗时，别墅主人临水而坐，沐浴温暖阳光，一面欣赏枯山水的禅意景观，一面感受自然流水的魅力，耳听水声潺潺，陶醉于一方美景中。

花园两侧设置了罗马柱楼梯，将花园前后院连接起来。顺着东面罗马柱楼梯下去，映入眼帘精致的植物造景，楼梯墙面采用马赛克壁画，增添视觉景观效果的同时，又削弱了高墙带来的压迫感。建筑的南面种植着造型树，庄严肃穆。从建筑的客厅、书房望向花园，一框一景、一窗一画，皆体现了生活的典雅情趣。

南面阳光草坪与镜面泳池组合，形成宽敞开阔的活动空间，泳池、湖景、天空相接，在视线上融为一体。茶亭四面通透，处于泳池边，坐在亭内悠然地泡上一杯清茶，享受惬意的生活。下沉亲水木平台和湖水相接，与景相依。泳池叠水景观增添了亲水的趣味性。

沿着自然石材的小径漫步，沐浴阳光，欣赏满园景色，园内景石、花木、绿荫相互簇拥，呈现出生态自然、宁静秀丽的风景。

别墅花园

屿渡花园

项目面积：900 m²
项目造价：200 万元
项目地点：成都
主案设计师：杜佩娜、邹洪邦、危聪宁
设计施工单位：成都乐梵缔境园艺有限公司

本花园位于麓湖黑珍珠组团临湖核心的位置，拥有一个珍贵的湖中岛屿。本项目建筑是黑珍珠楼王级独幢别墅，主要的花园空间分为两个部分，一部分是一个独立于别墅的湖中岛，一部分是从建筑延伸到湖中的侧岛。

从场地的位置和大小考虑，将正对别墅泳池的湖中岛规划为家庭成员日常休闲活动的空间；从功能和动线的角度出发设计了草坪、植物、下沉活动平台以及一条环岛的花园小径。从别墅一直到湖中，形成“观赏面、小径、草坪、植物组合、下沉平台、植物围合”的空间序列。

从别墅看向泳池的方向，可以获得最佳的观赏花园的角度。靠前的置石与植物组合、水生植物、油橄榄树，中间的紫薇、龙梅、草坪，背景的蓝花楹、若隐若现的下沉活动空间，共同组成了一种节奏丰富、有收有放的画面效果。

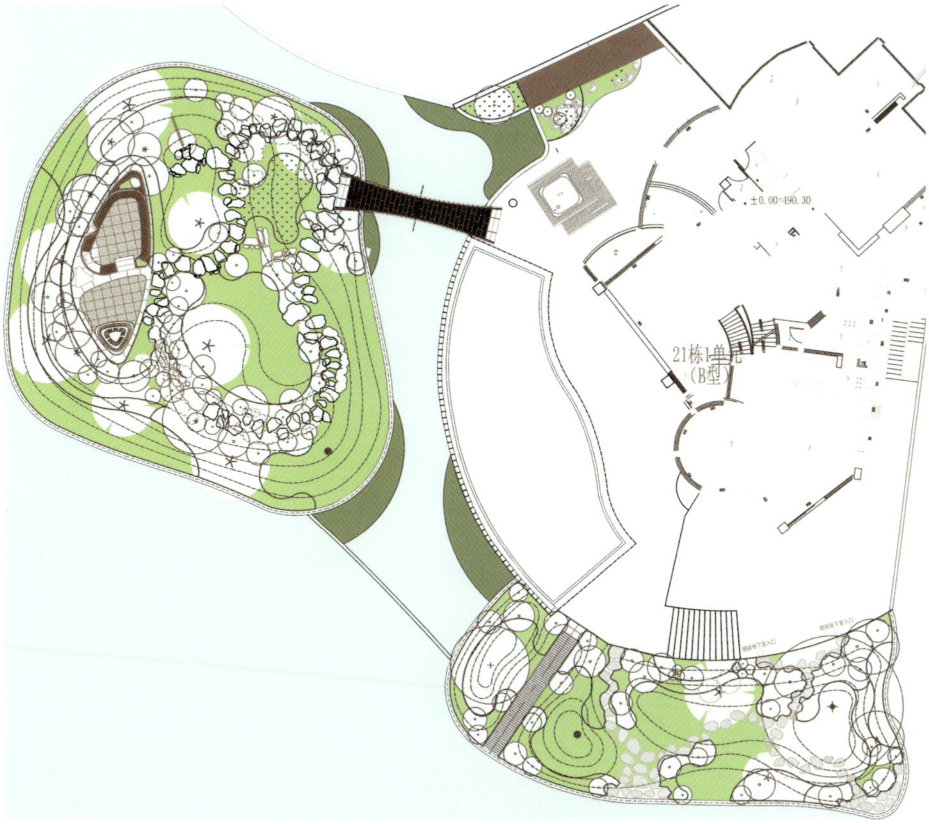

总平面图

环岛的花园小径采用了定制的汀步石，隐入自然当中。巨大的雅安石景石、叶片形态不断变化的植物，引导人穿过水果兰、矾根、石菖蒲、玉簪等构成的柔美的自然景观。翠云草、佛甲草在地面不断蔓延、穿插，漫步于其中，可让身心得到放松。

下沉活动平台的设计呼应了整体别墅建筑的曲线风格，在下沉的空间里设置了能够容纳七八人的弧形长凳。坐在长凳上，下沉的高差与周围的植物屏蔽了周围的视线干扰，使得整个空间更加舒适、更具使用性。平台上富有特色的巨石水景在未来搭配上主人喜爱的雕塑，更显精美。

从别墅泳池一侧的通道可以直达侧岛上的私人游船码头，三棵从西班牙引入的数百年树龄的油橄榄，漂洋过海来到这里落地生根，成为花园的主角，像忠诚的守卫石像一样矗立在木通道的两侧。油橄榄周围是球形植物和花卉植物的精心组合，在与湖边的交接处，还种植了许多观赏类的植物。从侧岛上的小径向湖边散步时，侧岛上变化的植物形态创造了一种自然野趣。曲曲折折的小径时隐时现，通往湖畔的平台是一个适合独处、垂钓、赏景的空间。

别墅花园

湖畔云漫

项目面积：1025 m^2
项目造价：320 万
项目地点：诸暨
主案设计师：吕源
设计施工单位：浙江亿匠园林设计有限公司

这幢别墅坐落于银湖花园湖畔，周边环境优美。身处这样一幢高档别墅中，映入眼帘的是湖光水色，仿佛心灵都得到了洗涤。在设计之前花园的状况并不令人满意，别墅业主将建筑地下室往外扩建了十几米，导致花园大面积都在地下室的顶板之上，增加了设计的难度，同时也导致了该面积区域不能种植高大的乔木。在与别墅主人的沟通中了解到，他希望自己的院子能更好地被设计与利用，想要院子与周围环境相协调。于是花园的风格定位以自然、淡雅为主，搭配造型优美的松树营造出精巧清雅的意境。

设计时设计师结合建筑室内布局及花园场地，把花园划分为三个大的区域：入口景观区、阳光休闲区、亲水戏鱼区。

入户景观区以大铺装为主，方便车辆出入，搭配大气精致的院门、两侧对称栽植的造型树，轻奢中透着些许庄严感。花坛中的景观置石搭配造型飘逸的黑松，营造出脱俗雅致的空间氛围，既起到车行出入的对景作用，又起到分隔入口空间与阳光休闲空间的作用。

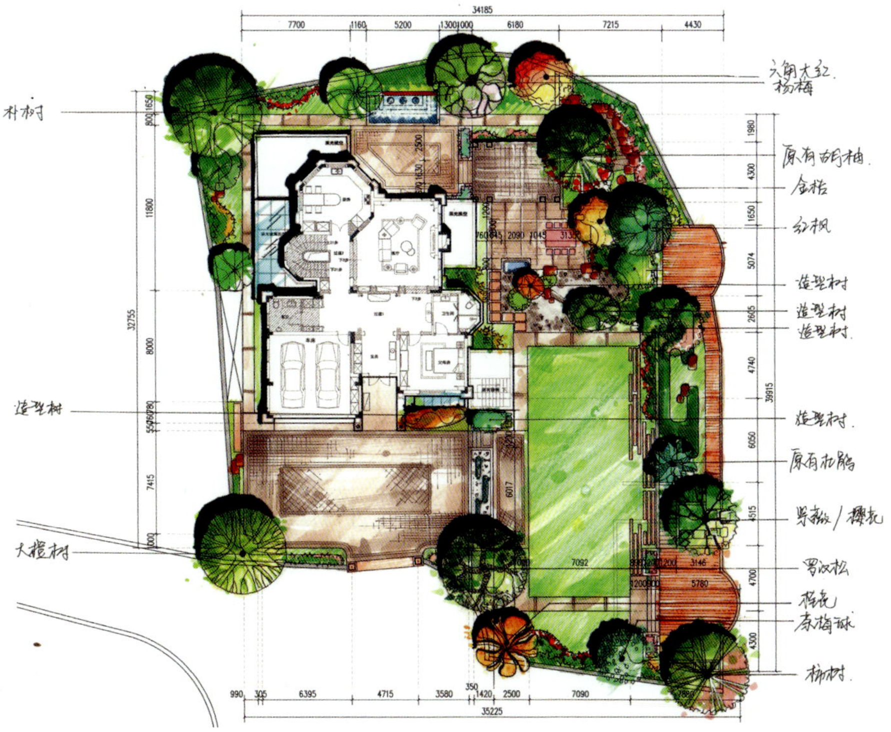

总平面图

顺着台阶拾级而上，映入眼帘的是一片大草坪。绿油油的草坪铺在地上呈现出地毯的样子，外围用石板铺设，这平整的空放草坪配合道路外围花团锦簇的种植岛显得雅而不俗，让人感到豁然开朗。与草坪相接的是砂石景观，以细细砂石铺地，另叠放几尊有致的石组，在方寸之地变幻出千岩万壑，营造出一种淡泊宁静的“悟境”。

由于场地高差较大，亲水戏鱼区低于阳光休闲区，中间运用造型树组合过渡空间关系。作为地下室的室外景观，利用简洁矮小的造型植物组景和湖面景观呼应，形成内外通透的景观，无缝衔接室外自然与室内生活，为空间带来丰富性。

顺势而上，是茂密的树林。古人云：“曲径通幽处，禅房花木深”，漫步于院内小路，卵石与碎拼石材两相交错，颇有此番意境。

别墅花园

地中海别墅

项目面积：2300 m^2
项目造价：450 万元
项目地点：杭州
主案设计师：应芳红
设计单位：杭州凰家园林景观有限公司

该项目为改造设计项目。其最有意思的地方在于，现场因为有了业主生活的痕迹，场地也有了自己的形态和特性。尊重这些不能被简单判定为优势或劣势的元素，让它们成为改造的线索，也让场地继续存留自身珍贵的特质，主要体现在如下几点。

1. 在植物设计上为了满足业主方便打理的要求，对植物品类的运用相对克制。清理原有杂草及老化灌木层，保留原有骨架树，在原有的水系边点缀了黑松、橄榄以及鸡爪槭等飘枝植物。选用披针形叶植物和观赏草，这两类植物在整个环境中既丰富了现场的质感，又以造型精致的姿态让多草坪的场地更为生动。调整植物种植层次及季相变化，增加观果、观叶、观花植物。

2. 在功能布局上，疏通排水，增加鱼池净化系统，留出菜地种植区，加大停车空间，梳理驳岸及亲水平台。因为是沿湖别墅庭院，所以还设置了钓鱼平台。

3. 在道路系统上梳理贯通园路，对接建筑各个主次出入口，连接各个亭廊节点，留出足够大的草坪活动空间，达

到移步换景的效果。

4. 在空间审美上调整假山造景层次，丰富园路种类及汀步形式，调整铺装之间的对缝及台阶板宽度，增设夜景灯光。

因为施工周期非常短，而植物本身魅力的展现需要很长的时间，所以当遇到现场还不错的原有骨架植物时，设计师尽量保留，给予足够空间展示它们的魅力。

意境是诗、是画，是园林的最高境界。于松下造境，得其淡泊；于峰岩造境，得其空灵；于江流造境，得其旷达；于烟树造境，得其幽静。

每一个人心中都有一个院子，有他的记忆，也有他的童年，更有他的幻想。有谁想过，童年时的院子，如今已经成为人生的奢想！

总平面图

别墅花园

优山美地贤园

项目面积：280 m^2
项目造价：40 万元
项目地点：北京
主案设计师：楼嘉斌
设计单位：北京和平之礼景观设计事务所
施工单位：北京和平之礼景观设计事务所

这座花园位于中央别墅区，建筑风格为欧式建筑风格。因业主有着浓浓的东方情结，所以将花园整体风格定义为新中式风格。设计师结合现状及业主要求，运用专业知识对花园景观进行规划，合理进行功能分区，营造出良好的花园空间氛围。

花园整体色调以灰色、木色为主。通过景观元素的组合，来形成雅致、幽静的整体氛围，将自然界中的清风、明月、水流引入庭院，形成人与自然界的互动，造中式意境。

花园整体分为四个部分，依次是入口景观区、过渡区、主休闲区及侧道穿行区。

在花园入口处设置了一个组团景观，利用植物及石块组合形成具有中式意味的小景，成为入口处的景观焦点。花园门采用木结构搭建，引入中式月亮门的概念。过渡区通过石材与青砖的结合，铺设花园小径，道路直中有转折，植物掩映，形成曲径通幽的意境。通过质地柔软绿篱的围合采光井，起到建筑与花园的过渡作用，也是良好的植物背景。碎石覆盖裸露的土地，形成干净整洁的花园种植空间。

半圆形屏风隔开了过渡区与休闲区，又起到框景的作用，植物与人交相辉映。拾级而上是抬高的品茶区域。有青枫、翠竹围绕，不远处有静静的壁泉流淌，水景半围合休闲空间，端头涌泉与石块结合，形成潺潺流水的意境。这一新的元素给人“梧竹幽居”般的惬意享受，也应了范宽的《临流独坐图》，将此画刻于钢板上，与水景相对，供主人品茶欣赏。

考虑到侧边区域比较狭窄，使用与观赏价值不高，主要是花园的通行区域，因此侧道穿行区设置了碎石小径和简单种植区域。在主体休闲区与侧道穿行区交接区域，设置了花园工具房，兼具通行和储藏功能。从外侧看花园在工具房处戛然而止，但细细探究后，又发现别有洞天。

花园种植结合英式自然种植与传统中式种植手法，通过中西方种植模式的碰撞形成不一样的花园效果。

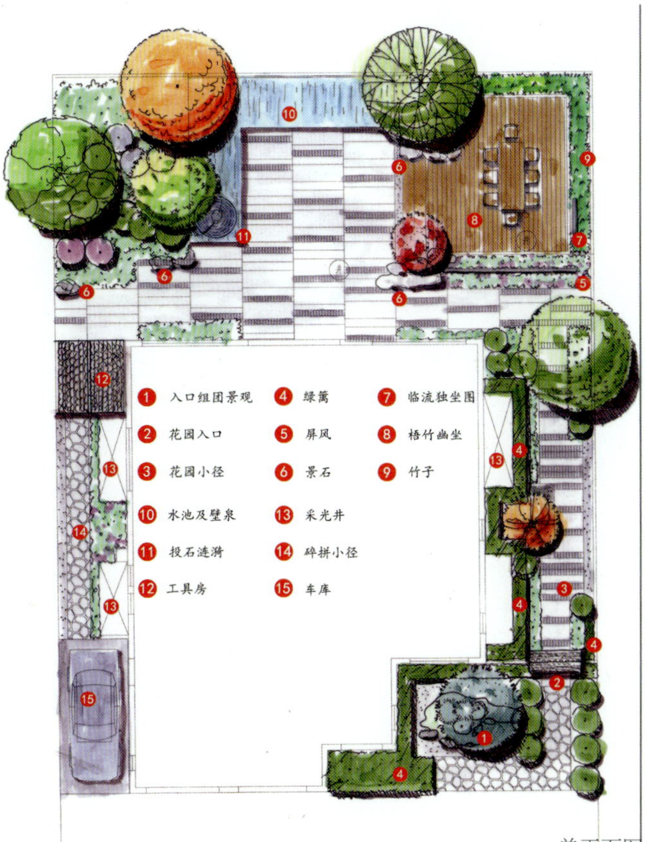

总平面图

别墅花园

金通玫瑰园

项目面积：350 m^2
项目造价：108 万元
主案设计师：钱敏
设计单位：泰州市尚林景观规划设计有限公司

在开展设计工作之前，设计师实地考察了该项目的地形及周边景观，同时与业主进行了深入的沟通，包括设计范围和风格的选择。

该项目分为前院和后院两部分，前院面积较大。整个庭院根据业主喜欢的现代风格进行设计，平面布局的功能分区通过极具现代特色的几何形状来划分，凸显现代风格。

庭院的大门位于整个建筑的东南方位，设计师对原来的大门进行了改造，增加了压顶的线条，使改造后的大门更加简洁大气。穿过现代的铝艺大门进入庭院，首先映入眼帘的是一条现代风格的铺装通道。通道两旁规则地摆放着大小不一的荷花缸，荷花娇艳欲滴，为整个通道增加了生机和色彩。穿过通道，尽头是一面造型山水景墙，通过现代的灯光技术增加层次和立体感，使整个画面更生动、更富有生命力。景墙上的河流和灯光相辅相成，形成一幅美好的画卷；景墙下结合鱼池设计汀步，正方形的汀步像是跳动的音符，与水池中的喷泉和谐共舞。继续向前走，到达整个庭

院的中心广场。

由于整个庭院面积大，无地形起伏及竖向景观，因此在庭院中心设计了一个两层台地广场，位于建筑的两个正门的交会点。正方形台地广场中央设计了一座叠水喷泉，叠水台上的“风水球”是整个广场的制高点。风水轮转，叠水台流水汩汩，呈现出动静有序的庭院空间。“风水球”是空间中的点睛之笔，也是两个正门的视线终点，吸引视线进入台地广场。台地广场解决了整个庭院内高差单一的问题，丰富了空间层次。

绿地中设计了几何图形花池，增加了现代感并丰富了空间内容。在庭院的西部，将鱼池、假山和铝艺廊架结合设计，作为整个庭院内的休闲区。鱼池四周安装发光灯带，鱼池及假山内布置防水射灯喷泉，光影和水流交相辉映，庭院内的假山流水与花鸟虫鱼结合，营造出生机勃勃的现代景观。前院内栽植了罗汉松、铁树、黄杨和红花檵木等造型优美的景观树，点缀极简的造型球，同时种植大面积的草坪，共同营造出简单大气的现代风格的景观。

后院内主要设计了自然石的汀步，简单搭配了造型树。前庭与后院主次有别，但风格统一，使得整个庭院更加完整。

总平面图

别墅花园

桃花岛诺斯湾

项目面积：1300 m^2
项目造价：150 万元
项目地点：黄山
主案设计师：王城锋
设计施工单位：杭州阿缇丝特景观工程有限公司

施工前的花园有明显的缺陷，从北往南看视角存在明显的大小头空间，场地虽然大，但无法体现开阔感。但也有有利环境，从客厅往外望去视线开阔，天际线比较远，庭院绕建筑周边一圈，这也是独栋别墅的优势，可以最大程度地提供室内与室外的园林享受。

花园业主是一位老年企业家，子孙满堂，居住人口多，来往客人很多。设计师根据室内的功能分区，以及室外的场地关系和业主的家庭结构关系，进行室外功能布置分区。

前院入户迎宾空间，由于车库位置进深不大，所以设置了室外停车位，好在是小区尽头的房子，室外停车位更显大气。

同时衔接院门，进门设置过渡平台和建筑大门正对的欧式流水景墙。景墙的主要作用是给前院迎宾区视觉和听觉享受，另外也可以遮挡隔壁户的建筑大门以及减少环境干扰，营造更强的私密性。半私密休闲空间，主要为儿童游玩的空间，有沙坑、滑梯、塑胶垫。从整体视觉空间考虑，此处做儿童游乐场地对视野及主庭院的干扰最小。

主景观活动休闲空间，沿河岸整体

总平面图

视线都不错，但存在大小头空间，因此通过绿色区左侧的休闲廊架的分割，以及场地高差的处理，将沿河一侧的空间分成三个有高差关系的空间，功能不同，基本根据每个场地的优势去营造。中间为规整的大草坪和月季花背景，点缀欧式天使雕塑。右侧为眺望亭，可以最大程度地欣赏整条景观河。左侧为往下的游步休闲空间，可以通过楼梯通道走到公共沿河步道。

内花园配套休闲空间，主要设施是凉亭和鱼池，凉亭的主要功能是过道以及洗衣服等，凉亭与游步休闲空间通过鱼池木桥连通，整个空间不大，但通过鱼池木桥的过渡，显得有距离感，使整个区域更加丰富。

屋顶露台花园

上海屋顶露台花园

项目面积：435 m^2
项目造价：55 万元
项目地点：上海
设计师：Mark zhu
设计施工单位：上海东町景观设计工程有限公司

本案位于顶层，日照充足，改造前没有遮挡物，空间缺少主线路，缺乏观赏性与实用性。在设计时需要着重寻找出口与接待室的最优动线，同时考虑行走动线上景观的观赏性。

本案以线条简洁、易于养护的植物为特色，结合大胆的几何造型、光滑的质地和简洁的植被，来打造富有戏剧性结构和特性的庭院。

景墙体现企业文化与企业形象，引用林泉高致、细水长流的概念，铝合金方管阵列成肌理，石英砖铺展延伸弥散在环境中，定制不锈钢跌水口成为视觉焦点，恰到好处地融入环境之中。

一出电梯映入眼帘的暖黄色缓解了蓝天白墙带来的视觉冲击，黄沙石、绿植、木材、不锈钢组合雅致清新又不失稳重。不锈钢镂空图案选用竹子形态，造型简约感，并寓意蒸蒸日上。

花园主步道两侧均为种植区，竖条

总平面图

隔断作为电梯口与草坪区的分界，模块种植箱消解了草坪的单调，增强了观赏性；电梯口和室内出口处设计了岩石花园景观，暖色的砂石打破了大面积白墙带来的冰冷感。

石材步道两侧结合植物组团，步道采用不规则切割方式，打破常规、增强趣味性；高低植物不同层次搭配，前期种植较稀疏，有利于后期植物生长，配有木屑覆盖于土壤表面，增强了美观性，在植物的选择上选用抗冻易存活植物。

南侧草坪区配有休闲木平台、水景，宽广的视野配有潺潺水声，跌水设计使空间具有灵动性，非常适合休闲放松或商务洽谈。露台水景为室内接待室向景观的延伸，用统一规格的石英砖来勾勒线条与体块，流水造型在不同角度，以原始的点、线、面构成元素，诠释现代简约格调。

整体案例色彩构成为黑白灰，搭配暖色黄光，经典优雅，高雅的格调与简约的线条搭配，让人置身于此空间顿感心旷神怡，加之顶层宽广视野的冲击，大有“一览众山小”之感。

屋顶露台花园

木香花园餐厅

项目面积：245 m²
项目造价：13 万元
项目地点：杭州
主案设计师：牛静文
设计施工单位：杭州恒力市政景观艺术有限公司

这个屋顶花园是一个商场的露台，为餐厅后门入口的一部分，整个项目占地面积 245 m²。起初业主找到设计师做改造，只是想把门口的绿化带改造一下，觉得植物种植太普通，不符合西餐厅的气质。在多次接触业主，与其深入沟通后，设计师建议整体设计，把整个场地作为一个户外花园餐厅来做，通过植物花境的打造、户外家具的摆放、园艺饰品的软装搭配、灯光音响的氛围营造，增强客人在花园餐厅就餐的体验感。

设计师通过“六识”体验设计，营造“感质”的就餐体验，打造精致的花园餐厅。

设计师设置了系列的视觉识别系统，花池里增加 logo 灯箱，门头增加发光字，定制带 logo 的花箱和桌灯。一个品牌餐厅，有自己的花园景观视觉识别系统，充分体现了鲜明的个性。

花箱、户外桌椅、坐垫、遮阳伞、

花园长椅协调搭配。花箱很常见，但在款式和颜色上设计师都下足了功夫。花园色调清新淡雅，整个餐厅的服务和定位也是偏年轻化、轻奢的风格，花园花镜植物色彩选用的是偏蓝紫色，点缀粉色、黄色，让这个花境看起来清雅一点，有英式花园的感觉。户外桌椅选用的是柚木色，太阳伞选用了浅绿色，在色彩上和其他常用的户外家具区分开来。

做花园设计其实就是一个解决问题的过程，当你全身心融入其中，就会发现花园带给你的美好。

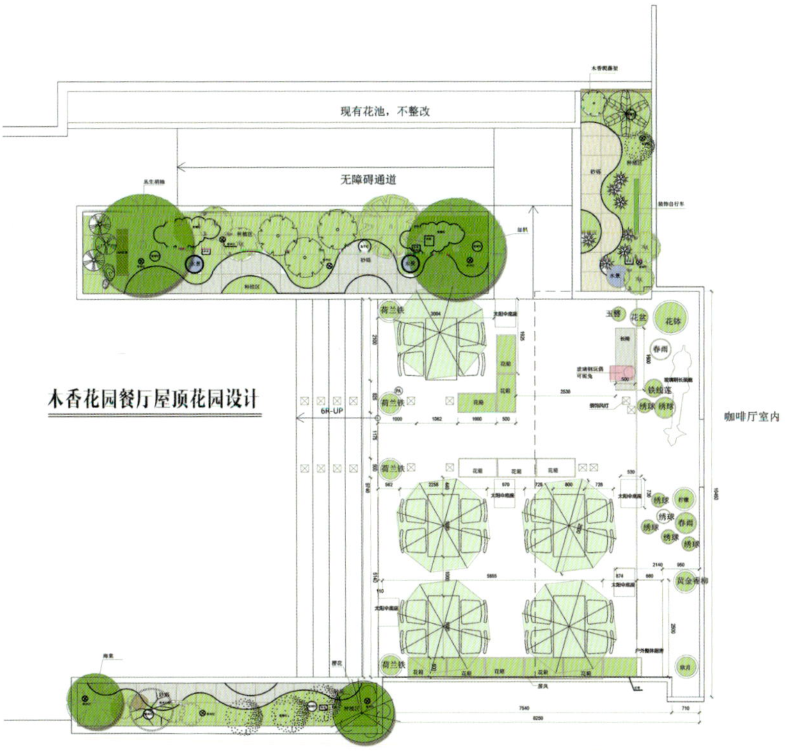

总平面图

屋顶露台花园

大理别院

项目面积：420 m^2
项目造价：120 万元
项目地点：大理
主案设计师：刘静涛
设计施工单位：云南驿林心设园林景观设计有限公司

该项目位于大理苍山脚下，人杰地灵，山清水秀，背靠苍山，面朝洱海。花园空间是别墅的地下车库顶板，整体分为两台，第一台回填深度为 0.4 m，第二台回填深度为 0.8 m，四周新设景观安全围墙，形成一家独院。项目将场地切分为前后两个区域。前场是一个对称的仪式空间，有对称的雕花景墙，还有景观水景及跌水，彰显了主人的个性，给人庄严之感。后场为休闲空间，分为四个休憩区域，设计师以下沉式休憩空间为中心，左右分设户外休闲茶室及休闲廊架，可以划分不同的接待需求空间，再加上一个观景平台，能将洱海尽收眼底。前后场地错落有致，空间丰富多样。设计师希望通过设计尽可能消减场地的空间局限，创造一个观感大气、体验丰富的景观空间。花园景观根据建筑的大理特色，与现代风格碰撞创新，以苍山、洱海为设计灵感，在空间里以小见大，步步为景，用不同的空间情绪，营造出山、水、禅境里的“至简、至美、至境”的东方精雅生活。

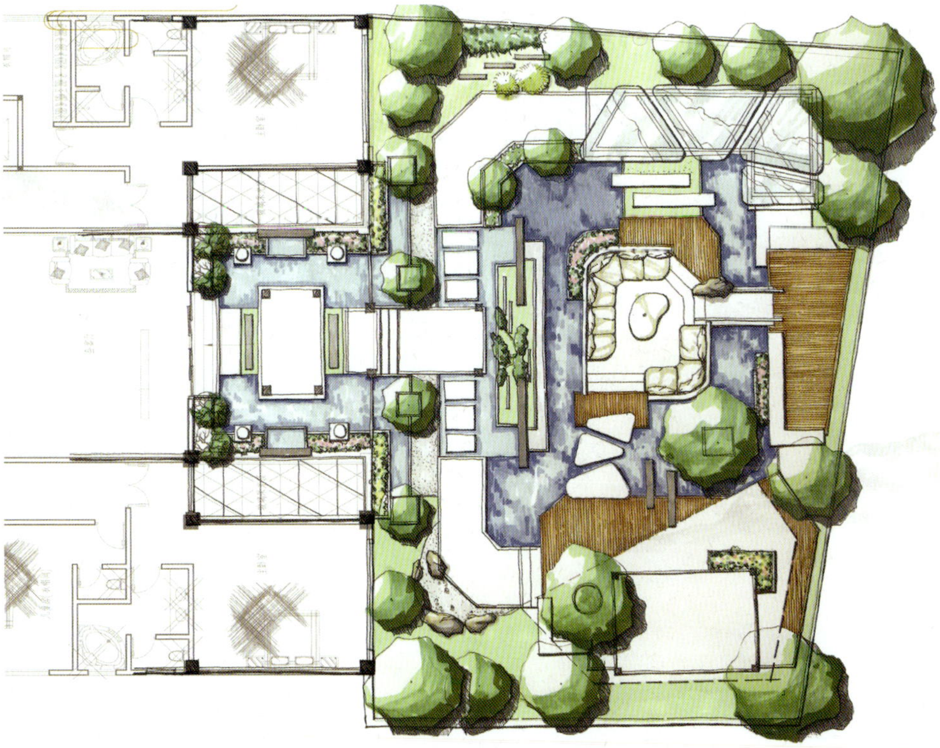

总平面图

屋顶露台花园

朗诗 · 未来墅

项目面积：72 m²
项目造价：16 万元
项目地点：南京
主案设计师：王国库
施工单位：大苒园林景观设计工程（南京）有限公司

小露台亦是室内生活空间的室外延续，一个巧改空间构成的露台，用高度功能化、细节化的需求来二次组织和分割空间，营造一个轻松的露台花园……

本案是一个荒废状态下的花园改造项目。设计师拿到这个案子又无奈又惊喜，无奈的是现场原设计只有浅色地板和一堆摸不着头脑的花池、杂草；惊喜的是业主审美水平较高，是一位喜欢画画、养狗、养植物、吃美食的自由职业者，加上露台空间相对比较整，面对大片的山林，观景面很棒。设计之初很简单，去现场看看看、拍拍拍、大家来“找茬”……记得待了一个下午的目的就是为了找到现场存在的各种问题，并一一记录分析，整理出现场可以保留利用的一切基础和材质，感受现场每一块区域的光照和舒适度，然后回去“烧脑”。

设计改造保留了整个区域的灰色塑木地板，作为底色，可以节省改造成本。保留了花池部分基础，并根据方案进行了二次改造，有扩的、有接的、有加高做靠背的。保留了露台入口区域的大面观景空间，几乎没有改动。

新增了钢结构廊架户外卡座空间、户外操作台、户外厨房空间、立面格栅遮挡空间和灯光及智能灌溉系统。

总平面图

办公会所花园

小黑屋

项目面积：100 m^2
项目造价：29.8 万元
项目地点：常州
主案设计师：王国库
设计单位：大苒园林景观设计工程（南京）有限公司

现代花园生活越来越注重对光与影的追求。光与影的交织营造出最美的景观，明媚的光、斑驳的影，生活的温度与质感尽在光影之中。引入光影变幻，融入人文气息，于生活节奏日益加快的都市，筑造一个快装花园，书写精彩与诗意共存的花园生活。

整个设计以小黑屋为灵感展开，这是设计师进行花园设计的灵魂所在。小黑屋亦是小宇宙，花园里的每一个生命亦是宇宙，瑰丽的极光（萤石异型踏步）与太阳风（阳光照射下的材质），共同展现出漫山遍野的绿色，光与影布满了花园的角角落落。

设计师将整个设计划分为三个空间，第一块是创意景观花园空间，第二块是半封闭景观户外会客厅空间，第三块是花园挑高阳台空间。三个空间既相互独立，保证了使用的相对私密性，又互相联系，呼应了整个设计的主旨。

小黑屋的落地，让非常规化快装花园变成现实。整个花园只有廊架主体结构为现场提前搭建，其他均为工厂化加工，现场拼装完成。整个花园从设计到落地完工所用周期极短，是一个真正意义上的快装花园。

总平面图

办公会所花园

昆山西部行政中心

项目地点：昆山
设计单位：上海沙纳景观设计
绿植施工：上海沙纳景观设计

昆山作为全国百强县之首，希望成为一个富裕、宜居、蓬勃发展的新城市。本项目为昆山西部新城的行政中心，为市民提供便捷服务的同时，也需要展现政府工作的高效与积极的形象。项目整体设计着重亲民、专业、方便的理念，打断隔阂，建立舒适惬意、易沟通、易交流的便民新形象。

本案将绿色作为核心内容，充分利用办公空间的高度与家具，展示“绿水青山就是金山银山”的理念。

行政中心的接待处，在市民等待的休息区中，设计了一体式座椅，不仅为来访市民提供了休息区，同时采用简单的绿色植物与暖色的环境搭配，使访客的心情轻松愉悦。

本案顺应政务中心规划设计的总体思路，充分利用楼内现有空间资源，营造现代化的绿色服务环境。“将大自然引入室内”，打造生机盎然的公共区域空间。具体到绿化景观如何穿插于建筑中并合理布置，在仔细考量与讨论之下设计团队挑选以下几处空间作为主要的绿植装饰区域。

公共办公空间的挑空空间，利用天然高度落差布置多组以鸡爪槭为主景树的植物群落景观，主景树下配置鸭掌木、金叶石菖蒲、绿钻、蕨类等不同形态特征与饱和度的适应室内生长的绿色植物，软化室内建筑空间，使得单一的高落差空间顿时生机勃勃。

在建筑内部细心考察，甄选出一些通过频率高的、有大面积墙面的区域，利用垂直绿化的方式装饰这些墙面，绿化种植的结构分割也以极简的线条为主，风格依旧顺应整体建筑的主调。绿色的渗入使得这些原本单调的墙面鲜活了起来，在不占用建筑使用空间的情况下，既丰富了室内景观，又使得自然与建筑融为一体，进一步满足了绿色建筑的发展要求。

在建筑内部的一些休息区、多种空间的走廊过道等区域，利用座椅结合种植区的形式布置植被景观，既丰富了种植形式，又方便了民众。在局部采光条件有限的环境里融入高仿真植物，美化环境的同时降低了植物维护的成本，真正从根本上顺应了绿色发展的要求。

138 137
136 135

办公会所花园

禅 · 聚

项目面积：100 m²
项目造价：约 8 万元（不含茶室）
项目地点：南京
主案设计师：金也
设计施工单位：金石景观设计有限公司

作为一处兼顾了办公使用功能的庭院空间，不同于以往的私家园林和公共空间，既是处于高压和负荷之下的设计工作人员的休憩、放空之所，又要满足洽谈、展示的商务之用。因此设计师将庭院分成了两个部分，即禅庭和聚院。禅庭主要为茶室空间及外部枯山水景观，是供洽谈、放空、冥想的处所，主要表现为“静”。而聚院则是表现欢聚、娱乐、放松的“动”感空间。一动一静，把庭院的功能性和美观性完美融合。

光影明暗的运用，让光线在各种材质的衬托下产生折射与阴影。放眼茶室外的景色，令人不禁驻足，忘记时间的流逝。

下沉空间中，竹廊架给庭院提供了足够使用的聚会场地。在院落中，可以欣赏四季不同的景色，体会生命随着时间推移而产生的变化，以及由此带来的美；还有春日的鸟叫、夏日的蝉响、秋日的虫鸣以及冬日的寂静。坐在这里，可以静静观察这座院落带来的生命的流动性。

总平面图

59-

办公会所花园

悦榕湾

项目面积：9400 m^2
项目造价：779 万元
项目地点：惠州
主案设计师：郑艺坛
设计单位：风艺景观设计（广东）有限公司

本案作为惠州高端商务公寓空间，拥有独特的地理优势，为顶尖商务人士预留一处温暖的栖息之所，在这里可以拥城市、东江之景入眠，尽享奢华。本案主要针对的目标客户群是中长期租住酒店或高级公寓的企业高管及商务会客人士。

整个项目设计运用钻石概念，把建筑与景观串联起来，再把项链中的钻石元素运用到景观设计中。其主要提取蓝、绿钻石元素，将钻石项链的组合形式运用在方案中。项目中的绿岛代表绿钻石、景观水景代表蓝钻石，其形式与元素在方案中得以延伸和融合。

本案主要分为广场与屋顶花园两大区域。室外广场空间结合商业类型进行景观设计，如咖啡厅、西餐厅、便利店等，打造为一个人文服务的休闲型广场。屋顶架空层结合泳池设计一条龙服务设施，如泛会所、健身房、休闲吧等，与外部设施配置相结合，使得在这里的人们能享受到完善的服务。

0 5 10 20 40
1. 车行出入口
2. 车行道
3. 人行道
4. 休闲木平台
5. 主入口水景
6. 中心广场
7. 组团植物
8. 休闲平台
9. 停车场
10. 游泳池
11. 休闲平台
12. 枯山水景观
FLAT

总平面图

悦榕营

办公会所花园

春在小筑

项目面积：1060 m^2
项目造价：500 万元
项目地点：苏州
主案设计师：张文明
设计施工单位：苏州裕成园林景观有限公司

一年之计在于春，人的青春期相当于一生中的春天，取其意，故将本项目命名为“春在小筑”。本项目以山、水为设计中心，主体建筑厅堂设在总园北偏东方位，水池约 400 m^2。厅堂是整个园林的建筑主体，建筑体量最大。这里为园主迎客之地，里面放置传统的家具配饰（条案、花几、圈椅等）营造古时中堂之布局。南北皆有落地长窗，北面天井小院有峰石假山一座，坐于中堂可隐约听到峰石上的缓缓流水声。

主厅前设有亲水石栏杆大平台，增大了活动与观赏空间。池中有锦鲤供人观赏。对面的太湖石假山和流水尽收眼底，假山内别有洞天，山上植有小灌木与爬藤，给太湖石假山赋予了自然柔和之美。亲水平台和假山相邻的抬高式廊亭（见山阁）为半亭，既可与假山为伴，也可与远处船舫和六角亭隔池相望。日落时分坐于半亭，可以欣赏夕阳晚霞之美。

通过主厅檐廊向东，有厨餐厅一间，供园主会客吃饭。坐于餐厅檐廊下的美人靠上，同样可以欣赏潺潺叠水。整个园子由高低错落、曲折有秩的长廊相连，寓情于景、丰富含蓄，下雨天也可绕园观赏。沿着长廊向南可到南门，门外有自然湖景，视野开阔。通过南门门亭，一段朱红色桥栏倒映水中，水波粼粼，宛若飞虹。

船舫是园主品茶会客的空间，古朴温馨，幽静雅致。站在桥头，园中美景尽收眼底。坐于船舫边上，六角亭上微风习习，夜晚只见一轮明月映入池中，故而得名“风月池”。通过蜿蜒的曲桥，有三块古朴的石磨盘置于池中。隐约想起儿时老石磨忙碌地转着圆圈，并发出隆隆如闷雷的声音，本来苦涩的乡村生活，便有了一丝温馨和甘甜。粗糙的水磨，无尽的乡愁，或许这就是它们最好的归宿。

总平面图

跨过磨盘是一段海棠花街铺地，精巧素雅。在花街铺地边上有古井（问泉）一口，井边峰石上刻有“锁春”二字，这不正呼应了园子的名字“春在小筑”吗？

“春在小筑”以苏州园林为根基，请著名的香山帮匠人打造，还原了苏州江南园林的建筑形式，从普通的老杉木，到寓意“富贵不断头”的“卍”字纹挂落，从专在苏州当地开模定制的小青瓦，到多达十几种造型样式的苏式花窗，等等，使整体的格局既气派又不失典雅。

纵观此园，小坐出神，目光流连于亭榭廊池之间，恍然如梦。园林回到她的本原，正是一种生活方式的综合。

办公会所花园

贝利得治愈系花园

项目面积：1200 m²
项目造价：100 万元
项目地点：郑州
主案设计师：刘晶晶
设计施工单位：河南溪山遇见园艺有限公司

项目位于郑州贝利得花卉公司院内，是为了迎接该公司的第九届宿根花卉展而做的一个室外展示办公会所庭院。本次设计的主题为治愈系花园。

基于现有的园艺疗法研究，进行合理而科学的园林设计，使园林发挥更大的强身、益寿等作用。园林养生充分考虑了人群的保健需求，适宜选择不同的园林保健植物。同时营建适合不同人群的活动场所，科学管理，在园林中最大程度地做到以人的体验为基础，创造人与自然和谐共存的美好未来。

为了达成这一主题，整体的设计采用简约风格，设计中采用了大量规则且平滑的圆形作为主要的元素，灵动且不呆板，月牙形的耐候钢镜面水池配合中式廊架，将中式空间的自然和现代花园的简约巧妙结合起来。一个个圆形的汀步经过设计，将整个花园串联在一起，看似无心的自然天成，却是细心斟酌的结果。

整体花园没有过多的装饰，一切从

实用出发，摈弃了繁杂的要素和设计，中式廊架经过了简化处理，用基础的线条和合理的搭配支撑起整体的架构，只为了花园主人看到后不会有一丝的内心扰动。为了保障内部的光照，在廊架顶部做了圆形的开窗，既做到和地面元素的统一，也能满足最大的光照需求。

为了达成自然统一的效果，设计元素大多采用了原始的材质效果，斑驳的手抹墙、清水混凝土的汀步、原木色的廊架与天然的木制景墙，配合竹编座椅、灰色的石子，摒弃了雍杂。花境植物以蓝紫色为主色调，只为那一份宁静和放松。

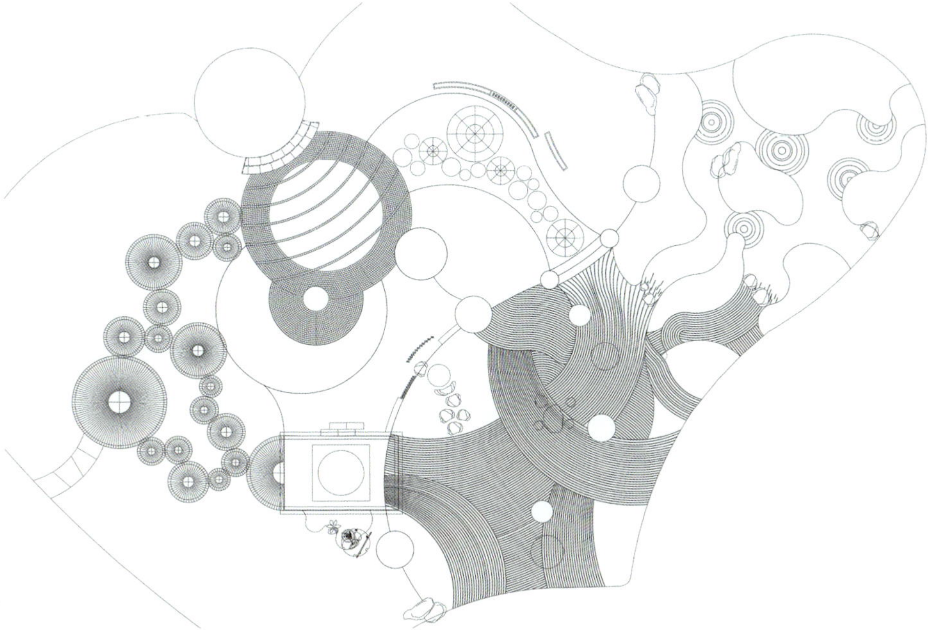

总平面图

金鹏 · 壹品天成

项目面积：6670 m^2
项目地点：合肥
主创设计师：Sphinx
设计单位：深圳市柏涛环境艺术设计有限公司
委托单位：安徽金鹏地产有限公司

整个展示区分为入口前场、中庭、营销中心、后场和样板房五个部分。入口造型震撼又不失合理尺寸的门楼构架是结构设计的挑战之一；两侧景墙大胆采用发光石材，白天和晚上有不一样的效果展现。中庭的特色流水梯田侧边在保证轻薄的同时又有透光的效果，因为采用了可透光的亚克力材料；圆形种植池尺寸定制，层层搭砌……所有的细节组成了整个展示区的精致和高端品质。

整体项目以创新性和震撼力为目标，大胆展现场地的优越感，创造一场尊贵的精品之旅。因为场地限制，前场不能设置具有昭示性的精神象征构筑物，为了弥补这方面的不足，设计师在入口的门楼上下足了功夫，设置为一个造型上具有艺术特点、视觉上具有震撼力的构筑物，既有高大别致的空间又不失宜人的尺寸。开阔的前广场空间与令人震撼的门楼形成了本案独有的节点印象空间。

中庭以流水为灵感的种植池与意境水面结合，营造素雅之境。搭配回廊，曲折有度，给人移步异景的空间体验。在种植上以本土品种为主，通过色彩、造型和质感搭配出极具意境的空间软景层次，如入口处的迎宾感、中庭的观赏性、后院的休闲化等，表达出新潮现代和传统特色的融合。

总平面图

样板房花园

宝能 · 凤林府

项目面积：7000 m^2
项目造价：700 万元
项目地点：绍兴
主案设计师：徐登华
设计单位：杭州木杉景观设计有限公司
施工单位：浙江中景市政园林建设有限公司

入口处，提取了船帆、船形等地域文化元素，两侧共设计了五艘抽象的船形艺术雕塑，活水在船尾处缓缓跌下，增添了一抹水乡的生机。两侧景墙打造，摒弃了常规的方正线条，大胆提取了船帆的斜线条，景墙犹如船帆迎风舒展，两侧的小船蓄势待发，呈现日出时分千帆竞渡的场景。

步入室外洽谈空间，花园位于建筑的西侧，设计之初，设计师便在思考如何将这一块不宽敞却又不能浪费的地方合理利用起来。

西侧方位，让人很自然地联想起夕阳西下，农夫劳作归来，捕鱼人驶着船只缓缓归港的景象。普通的没有光泽的景墙作为出口对景，显得太过冰冷单调，设计师最终选择了金属马赛克的材质，一小片一小片地将这幅山水归家图绘制出来。画中的归家身影与天空的夕阳融为一体，平添几丝趣味。

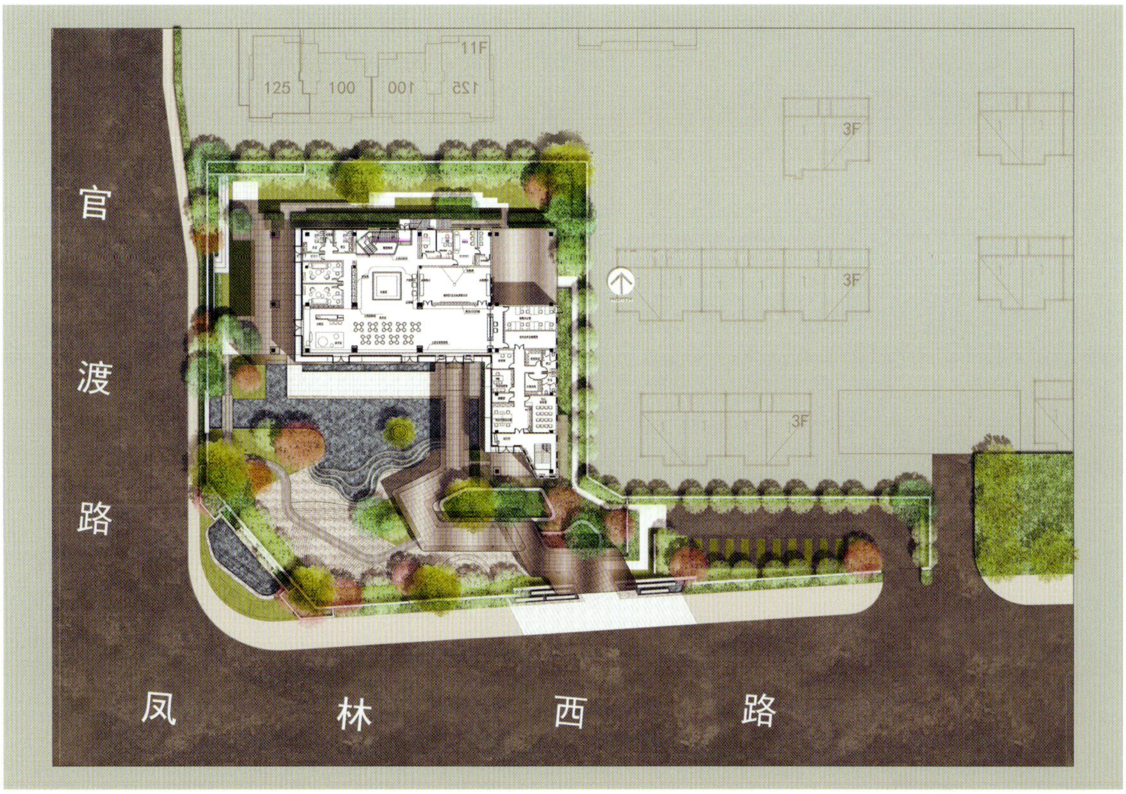

总平面图

样板房花园

祥生诸暨·云境

项目面积：13120 m^2
项目造价：1500 元 / m^2
项目地点：诸暨
主案设计师：JONO
设计单位：杭州木杉景观设计有限公司
施工单位：祥生园林

建筑以现代形式展现，由大面玻璃材质组成，整体通透、大气，氛围营造感及表现感极强。景观设计以建筑风格为依托，展现现代风格的同时融入中式元素，两者相辅相成，通达简洁之境，为项目所在区域打造出记忆性景观展示点，提升区域景观效果与视觉感受，为周边乃至该市人群带来极致美观的景致体验，使其感受诸暨的云、世界的境。

项目名为“云境”，风格为东方极简，定位为高端典雅，初闻其名，似有祥云缭绕。该项目的设计灵感来源于宋朝的《仙山楼阁图》，该画以独特的技法绘制出崇山、楼阁、云雾、碧波、峭石生竹、茂林夹道等纹样，画面云雾缭绕，密林环绕，远山屏立，朵朵祥云飘浮其间，宛然仙境。本案取轻灵通透、意境深远之共性，选用《仙山楼阁图》的空间布局、流线分布特点，解析出画面元素，运用于场地当中。

光影之境

样板房花园

祥生 · 浔樾

项目面积：27 000 m²
项目造价：420 元 / m²
项目地点：湖州
主案设计师：林松松
设计单位：杭州木杉景观设计有限公司
施工单位：祥生园林

“城有水则秀，居有水则灵”，项目择址南浔，承千年贵脉沈庄漾。基地周边以居住及商业用地为主，其余均为农业用地及河道。拥有非常稀缺的大型水系沈庄漾，拥有得天独厚的优质生活环境。

设计师充分结合传统水文化中的柔美坚韧，将建筑景观与滨水景观紧密结合，依托地域及场所感受，通过景观的特质，营造更符合现代人生活方式的山水生活，创造出与自然共生的和谐景观。

浔樾景观示范区，设计灵感来源于 52 Hz 的频率。故事缘起于一头叫“Alice”的鲸。正常鲸发出的信号频率是 15 ~ 25 Hz，而“Alice”的频率是 52 Hz，一直是与众不同的。浔樾的寻梦，其原点就是寻找一种与众不同的气质。

示范区根据建筑布局和设计范围，以寻梦之旅为主题，在总体层面规划了四个各具特色的主题空间。浔樾的寻梦之旅有着与心灵呼应的四部曲——初见、梦起、捕梦、入梦，有着一种“人生是一场久别重逢”的意境。往事在心头，童年可追忆，家的温馨与安逸，让观者与居者都能“美妙入梦来”。

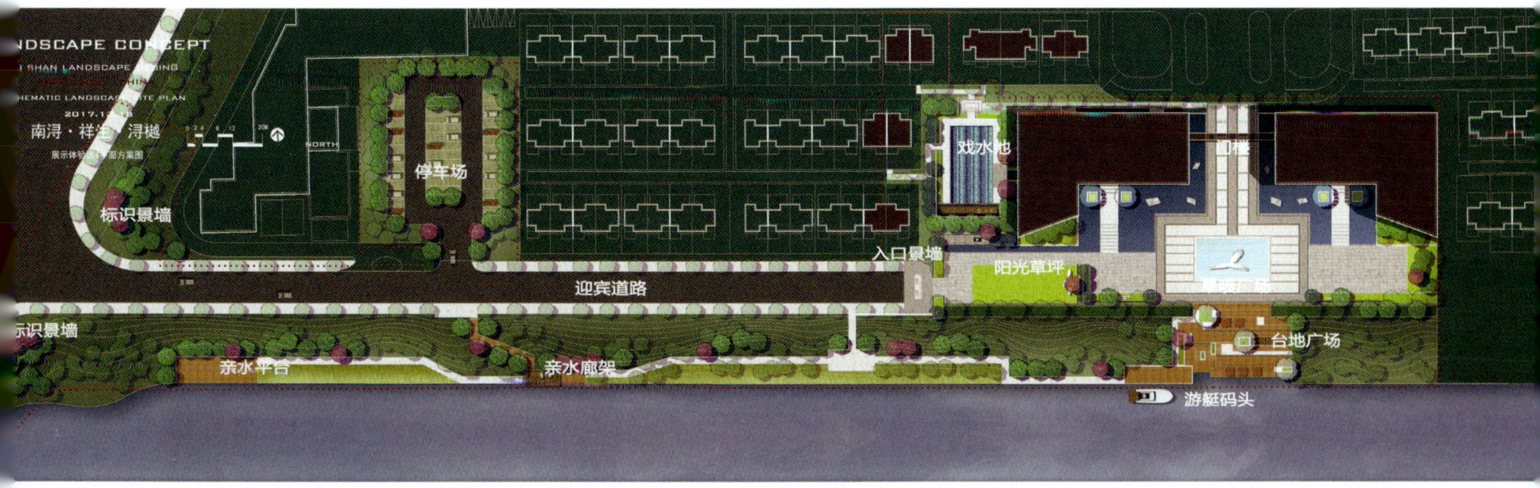

总平面图

样板房花园

雍景湾样板花园

项目面积：360 m^2
项目造价：85 万元
项目地点：昆明
主案设计师：黄云飞
设计施工单位：云南本木景观设计工程有限公司

结合功能布局及景观视线，在客厅对景处围墙区域设置对景景墙，作为景观背景，室内外通过客厅外入户平台衔接各个景观休闲区域。结合整体空间及视线关系，在花园中心及左侧设置主水景观，右侧临近水景末端的区域设置户外主要休闲区及阳光房，与水景形成对景关系。水景设计时用的是葫芦的形态，寓意“福禄”。水景采用具有当地特色的黄沙岩进行驳岸造型，通过三级跌水处理，让整体水景更为自然、有趣、灵动。在阳光房对景的最远端设置出水点为一级跌水，然后逐级往下穿过小桥，再往下跌级到最大的水池。水面紧连休闲木平台，木平台为多功能休闲区，可聚会、聚餐以及组织小型活动，其中融入了亲水的户外吧台、户外操作台、茶室阳光房、阳光房旁的卡座休闲空间。水景周边为休闲步道，局部区域设置了可停留休闲空间，让人与水之间可以亲近互动，营造小桥流水的生活体验。在花园左侧院设置了户外儿童娱乐空间，沙池、舒适的木质黑板以及宽敞的木平台作为儿童活动区域，营造出安全、有趣的儿童娱乐空间，在木平台外侧设置了休闲平台，家长在该区域观景休闲的同时也能很好地照看小朋友。

总平面图

民宿花园

柒竹 · 青龙坞

项目面积：660 m^2
项目造价：50 万元
项目地点：桐庐
主案设计师：李霞
设计施工单位：杭州云杉庭园设计工程有限公司

桐庐就是《富春山居图》的现实版。“天下有水亦有山，富春山水非人寰。长川不是春来绿，千峰倒影落其间。”“柒竹 · 青龙坞”民宿位于富春江的源头，独享一隅。山川鸟鸣、松香林溪，倾听天籁之音。

项目工期紧张，造价控制严格。业主要求在保留现场古朴自然韵味的前提下加入景观功能。如增加泳池和能容纳三个家庭餐饮休憩的户外停留点，这些既是视觉亮点，又能满足住客拍照打卡的需求。

被群山包围的古村，黄泥墙、黑土瓦、石板路、参天大树无不给人一种世外桃源的感觉。这方坐落于村落间的古朴小院，傍依树下的黄泥墙小屋，沐浴着阳光沉醉在暖风中，不奢侈，不华丽。

该项目主要分成三个区：入口的生活体验区、泳池派对区、高尔夫体验区。

总平面图

民宿花园

峪涧吾舍

项目面积：2770 m^2
项目造价：190 万元
项目地点：本溪
主案设计者：张国亮
设计施工单位：沈阳栩艺天工环境艺术设计有限公司

该项目为民宿景观规划设计，位于本溪市明山区卧龙镇的大峪沟村，其地理位置紧邻河道，依山傍水。

项目整体设计风格源于古代汉唐文化，致力于体现对自然淳朴的热爱与向往；从城市走向田园，是对中国文化的传承和中国式生活方式的传颂，也是对传统田园生活的回归与继承。

通过花园设计，设计师将该民宿与“风、花、雪、月”完美融合，却又别具一格。“过雨看松色，随山到水源。溪花与禅意，相对亦忘言。”禅意于民宿，可静可动，让人获得精神上的愉悦和满足。

在花园设计的基础上，通过地形调整构建花园山体、山顶、山道、半山亭等景观，以增加空间的高低错落感，为花园增添浑然天成的山林韵味，还原大自然本身的意境美，营造移步换景的民宿生活空间。在设计风格上将自然与现代相结合，以民宅现有的房屋格局为基础，进行外观改造、翻新，并赋予它新的功能。

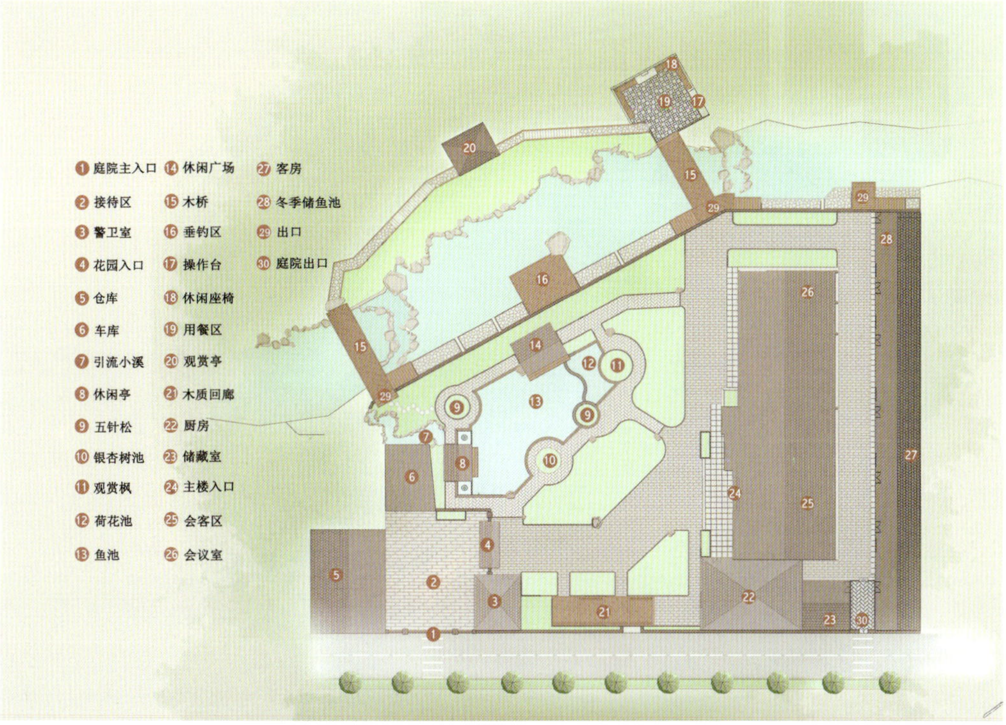

1 庭院主入口
2 接待区
3 警卫室
4 花园入口
5 仓库
6 车库
7 引流小溪
8 休闲亭
9 五针松
10 银杏树池
11 观赏枫
12 荷花池
13 鱼池
14 休闲广场
15 木桥
16 垂钓区
17 操作台
18 休闲座椅
19 用餐区
20 观赏亭
21 木质回廊
22 厨房
23 储藏室
24 主楼入口
25 会客区
26 会议室
27 客房
28 冬季储鱼池
29 出口
30 庭院出口

总平面图

图书在版编目（CIP）数据

花园集. 庭院景观设计 4, / 花园集俱乐部主编. --
南京 : 江苏凤凰科学技术出版社, 2020.10（2022.10 重印）
ISBN 978-7-5713-1454-5

Ⅰ. ①花… Ⅱ. ①花… Ⅲ. ①庭院 – 景观设计 Ⅳ.
① TU986.2

中国版本图书馆 CIP 数据核字 (2020) 第 178217 号

花园集　庭院景观设计 4

主　　编	花园集俱乐部
项目策划	凤凰空间 / 杜玉华
责任编辑	赵　研　刘屹立
特约编辑	杜玉华
出版发行	江苏凤凰科学技术出版社
出版社地址	南京市湖南路 1 号 A 楼，邮编：210009
出版社网址	http://www.pspress.cn
总 经 销	天津凤凰空间文化传媒有限公司
总经销网址	http://www.ifengspace.cn
印　　刷	天津图文方嘉印刷有限公司
开　　本	889 mm × 1194 mm　1/16
印　　张	11
字　　数	141 000
版　　次	2020 年 10 月第 1 版
印　　次	2022 年 10 月第 2 次印刷
标准书号	ISBN　978-7-5713-1454-5
定　　价	69.80 元

图书如有印装质量问题，可随时向销售部调换（电话：022-87893668）。